好想法　相信知識的力量

the power of knowledge

寶鼎出版

好想法 相信知識的力量
the power of knowledge

寶鼎出版

5分鐘商學院

工具篇

人人都是自己的CEO

劉潤　著

目錄 CONTENT

第二章
博奕工具

第三章
決策工具

第四章 管理工具

第二篇

第五章 思考工具

第三篇

第八章 未來已來

第九章 過去未去

第十章 劉潤薦書

各界好評

「一本即使對專業顧問也異常實用的好書！」

——**姚詩豪** 識博管理顧問、大人學共同創辦人

「我在中國的很多商學院講過課，中國的商學教育這些年取得了很大成績，但也有美中不足：占用大家大量的時間，學費還特別貴。所以我在想，能不能有這樣一個產品，能用一盒月餅的錢，把商學院的知識濃縮在每天的服務中提供給你，我覺得這是可以造福很多人的一件事情。近來，這個想法被我的朋友劉潤實現了。劉潤之前是百度、海爾這樣大企業的戰略顧問，他的商學功底和實戰經驗，做這件事非常合適。希望你立刻加入劉潤的《5分鐘商學院》，讓我們一起成長！」

——**吳曉波** 著名財經作家、「吳曉波頻道」創始人

「我有一個願望，科技不再是奢侈品，每個人都能買得起，每個人都能享受到科技的樂趣。於是，經過一段時間的努力，市場上就有了高性價比的小米手機。現在，我的朋友劉潤也有一個同樣的夢想，他希望辦一個商學院，每個人都能上得起，每天只要花五毛錢，就可以學到實用的商學院知識。於是，他做了高性價比的《5分鐘商學院》。劉潤本人曾經寫過分析小米的書，非常深刻到位，同樣，他對商業的理解也非常透徹。讓我們一起，從《5分鐘商學院》開始，共同成長。」

——**雷軍** 小米創始人、董事長兼CEO

「劉潤的訂閱專欄《5分鐘商學院》上線三個月，就突破了五萬訂閱用戶。他花了很大的力氣，把經典的商業概念和管理方法用大家都聽得懂的語言講出來，而且很多方法都是聽完就直接用得上的招式。堅持聽下來，每天五分鐘，就等於足不出戶上了一所商學院。很多人都在稱讚他的商業功底，我從他身上學到的倒是——什麼方法也比不過建設性的行動力。」

——**羅振宇** 羅輯思維和「得到」App創始人

第 1 篇

PART ONE

第一章 策略工具

1. 透過結構看世界——MECE分析

邏輯層次不清晰，會導致思維混亂。我們可以借助已有的結構化思維模型來分析問題，確保每一層要素之間「不重疊，不遺漏」。

君子性非異也，善假於物也。利用工具，可以顯著提升商業、管理和個人的效率。

某公司將二〇一七年訂為品牌策略年，主管安排小王寫一篇文案，要求充分闡釋公司的品牌主張。小王文思泉湧，很快就把文案交了上去。主管瀏覽一分鐘後，指出文案的思路太狹隘，好比想要一棟房子，卻只砌了一堵牆。小王回去之後加班，查閱了幾十萬字的資料，從十幾個角度解讀公司品牌。但主管又給小王潑了冷水：所有的觀點都並列在一起，邏輯層次混亂，就像把磚頭、瓦片和牆壁、屋頂相提並論。

在寫文章、做簡報以及匯報工作時，很多人都有過類似經歷。要避免這樣的事情發生，務必要記住MECE分析。

ＭＥＣＥ分析即「Mutually Exclusive Collectively Exhaustive」的縮寫，是麥肯錫諮詢顧問芭芭拉·明托（Barbara Minto）在《金字塔原理》（*The Minto Pyramid Principle*）中提出的一個思考工具，意思是「相互獨立，完全窮盡」，也常被稱為「不重疊，不遺漏」。

聽上去很複雜，其實很簡單。ＭＥＣＥ分析就像拼圖遊戲，如果沒有拼錯，拼完之後一定是一張不多，一張不少。

舉個例子，公司開會討論新遊戲的目標用戶，盡可能把所有的用戶定位都列出來。大家集思廣益，擺出一些拼圖碎片：男人、小孩、成年人、老人、女白領、宅男、腐女……這些拼圖碎片看上去很豐富，但是明顯違反了ＭＥＣＥ分析，因為它們不可能一張不多、一張不少的拼出完整的用戶畫像。

首先，這些碎片裡有大量重疊：男人和小孩有重疊，即小男孩；宅男和老人有重疊，即孤僻的老頭。其次，這些碎片還有遺漏，比如漏掉了那些既不是腐女，也不是白領的年輕女性——文藝女青年。

那應該怎麼列呢？可以在第一層，從性別角度，把用戶分為男人、女人；第二層，從年齡角度，把用戶分為小孩、青年人、中年人、老年人……保證每一層的拼圖碎片都符合「不重疊，不遺漏」的MECE分析。

回到最初的案例。為什麼小王被批評「邏輯層次混亂」？第一次，「想要一棟房子，卻只砌了一堵牆」，文案違反了「不遺漏」原則；第二次，「把磚頭、瓦片和牆壁、屋頂相提並論」，文案違反了「不重疊」原則。

MECE分析是一種簡潔有力的、透過結構看世界的思考工具。本書中，我們將分享很多有效的基於「結構化思維」的策略分析工具，比如五力分析、BCG矩陣、平衡計分卡等，它們宏偉的殿堂都建立在MECE分析的基礎之上。

練習結構化思維這套功夫，要從紮馬步、梅花樁的基本功練起。使用MECE分析，需要注意哪些心法呢？

第一，謹記分解目的。

把整體結構層層分解為要素時，要謹記分解目的，找到最佳分解角度。對於同一個項目，如果目標是分析進度，就按照過程階段來分解；如果目標是分析成本，就按照工作項目來分解；如果目標是分析客戶消費特徵，就按照性別、年齡、學歷、職業、收入等來分解。

第二，避免層次混淆。

例如，某團隊腦力激盪，探討如何賣出更多衣服。大家提出以下想法：1、開拓電商管道；2、開展網路營銷；3、減少服裝的成本以降低價格；4、改進服裝生產流程，提高生產效率。

這些想法中，第四項是第三項的具體方法之一，把它和前三項列在一起，邏輯層次不清晰，會給思維帶來混亂。

第三，借鑑成熟模型。

前人已經對商業、管理等做過大量研究，形成了很多結構分解模型。除了本書涉及的工具之外，還有策略分析3C（策略三角模型）、麥肯錫7S分析（企業組織七要素）等。這些工具都可以直接拿來用，而不需要像製造汽車那樣，重新發明輪子。

KEYPOINT

MECE分析

分析問題時，在把整體層層分解為要素的過程中，要遵循「相互獨立，完全窮盡」的基本法則，確保每一層要素之間「不重疊，不遺漏」。MECE分析是結構化思維的基本功。訓練MECE分析時，要注意三個心法：謹記分解目的、避免層次混淆、借鑑成熟模型。

2. 小龍蝦餐廳面對的五種競爭作用力——五力分析

每家公司都同時受到五種競爭作用力的影響。除直接競爭對手外，顧客、供應商、潛在新進公司和替代性產品，都會影響公司的發展。

某辦公室地下一樓有家小龍蝦店，主推蒜香口味，生意不錯，但總擔心被競爭對手超越——轉角的另一家小龍蝦店擅長麻辣口味，對面還有家火鍋店經常搶客人。還有，一樓的便利店算不算競爭對手呢？泡麵和自帶的愛心午餐算不算替代品呢？到底應該怎麼分析競爭策略？

這時候就需要工具了。

一九七九年，年僅三十二歲的麥可・波特（Michael Eugene Porter）提出，每家企業都受直接競爭對手、顧客、供應商、潛在新進公司和替代性產品五個競爭作用力的影響。波特自己可能都沒想到，「五力分析」成為全球知名度最高的策略分析工具之一，奠定了他一生的大師地位。接下來，我們就用五力分析來分析一下這家

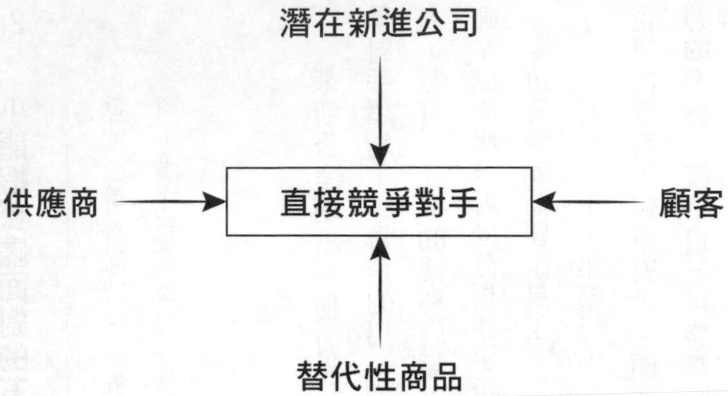

小龍蝦店。

第一，直接競爭對手。

轉角那家小龍蝦店、對面的火鍋店，以及整個地下一樓的餐飲店，都是小龍蝦店的直接競爭對手，因為它們爭奪的都是電梯門「叮」的一聲打開後，走出來的那些飢腸轆轆的人們。

做個簡單的分析，每天從電梯裡走出來的人，平均到每一家，能不能養活小龍蝦店？如果不能，要警醒：小龍蝦店處於一個「充分競爭」，甚至「過分競爭」的市場。

這時，可以考慮三個策略：1、組成「地下一樓餐飲聯盟」，給辦公室施加壓力，迫使對方引流；2、提供更優異、更便宜或者差異化的餐飲，升級競爭優勢；3、研究退出成本，比如裝修費用、保證金等，準備撤出。

第二，顧客。

顧客作為重要的競爭作用力，主要體現在其談判力量上。

大公司的行政部一般會找幾家餐廳談判，出示員工卡可獲得折扣。如果某家公司員工人數占大廈總人數的比例可觀，這時作為顧客，就有巨大的談判力量。小龍蝦店在對方的合作列表裡，賺錢會少；不在對方的合作列表裡，賺錢會更少。

小龍蝦店可以聯合幾家差異化明顯的餐廳，成立「地下一樓餐飲聯盟」，增加餐廳談判力量，還可以發行「聯盟折扣儲值卡」，增加顧客遷移成本。

第三，供應商。

如果小龍蝦是從江蘇最大的供應商處採購的，該供應商同時服務幾百家客戶，那小龍蝦店基本就沒有什麼談判力量。這也是為什麼應用程式（App）開發公司在蘋果公司面前都是弱勢群體。

小龍蝦店可以考慮換一家小供應商，小到小龍蝦生意對它足夠重要。**不做大公司的小客戶，也不向賣大閘蟹的人買小龍蝦。**對前者來說，小客戶不重要；對後者來說，小龍蝦的生意不重要。

第四，潛在新進公司。

這座辦公室一樓到四樓的商場經營慘澹，關掉了不少服裝店，有百分之五十的面積改做餐飲。這時小龍蝦店就面臨潛在新進公司的競爭作用力了。

要想辦法提高潛在新進公司的進入門檻，也就是「地下一樓餐飲聯盟」的壁壘。比如，聯合其他餐廳一起策略性的降價，讓後入者無利可圖；盡快發行儲值卡、優惠券，鎖定未來兩三年的收入，讓潛在進入者知難而退。

第五，替代性產品。

如果不吃小龍蝦，顧客還能吃什麼？對「地下一樓餐飲聯盟」來說，替代性產品就是讓顧客不再到地下一樓來吃飯的產品。

最典型的替代性產品是外送服務。那些小巷子裡的低成本餐廳，搶走了小龍蝦店的大批客戶；便利商店裡的微波食品，以及減肥奶昔、蔬果汁、辟穀課程[1]等，在白領中流行起來，午餐的整體市場規模都在減小，正如數位相機作為替代性產品，搞垮了幾乎整個底片業。

1 辟穀課程：又稱斷食，是道家修煉的方法之一。透過食氣吸收自然正能量，因道家認為，五穀雜糧會在腸中雞結成糞，產生晦氣，阻礙成仙的道路，故模仿《逍遙遊》「不食五穀，吸風飲露」的仙人行徑，以達健康長壽的目的。現代人則企求健康養生、禪定靈修、生活體驗等。

怎麼辦？盡快推出小龍蝦蓋飯、小龍蝦生煎包、小龍蝦麵……然後和各種外送平台合作。或者推出「比高蛋白更好的健身伴侶」套餐，與辦公室裡的健身房或者健身教練合作，讓那些不敢吃糖、不敢吃飯、不敢吃肥肉的健身達人在大汗淋漓之後，勇敢的吃小龍蝦。

用五力分析來進行系統性分析，就算僅僅是一家小龍蝦餐廳，都可以得出很多有效的競爭策略，從而獲得優勢。

KEYPOINT

五力分析

任何一家公司，在商業世界中都同時受到五種競爭作用力的影響。除了顯而易見的直接競爭對手外，另外四種是：下游的顧客和上游的供應商，顯性的潛在新進公司和隱性的替代性產品。認真分析這些作用力的強弱，將有助於公司制訂相應的競爭策略，獲得有利的市場地位。

3. 金牛、明星、問題和瘦狗——BCG矩陣

學會用BCG矩陣分解業務，不僅能看清業務和現金流的關係，更能主動分析業務組合，思考策略問題，尋求最佳的發展姿態。

某公司的客戶愈來愈多，業務線愈來愈複雜，老闆擔心公司逐漸迷失在收入、利潤、應收帳款、常規更新等日常事務中，從而失去對未來的把握，於是聘請了一家諮詢公司幫助梳理業務策略。諮詢顧問了解完該公司的業務後說：「貴公司的金牛業務正在逐漸變成瘦狗，應盡快採取收割策略；問題業務的儲備太少，明星業務的數量匱乏，增長乏力，估計不會發展為下一個金牛，也將變為瘦狗；要對這兩個產品啟動發展策略，對另外四個產品啟動放棄策略。」老闆聽得一頭霧水。

這是諮詢業的行業術語，諮詢顧問對客戶說這些術語，多半是為了通過「降維

打擊」[2]，彰顯自己的專業性。其實，這些術語並不複雜。

BCG 矩陣的發明者、波士頓諮詢公司的創始人布魯斯（Bruce Henderson）認為：**公司若要取得成功，必須擁有市場增長率和相對市占率各不相同的產品組合。**於是他用這兩個維度，畫了一個「四象限法矩陣圖」，並給這個矩陣中的四象限各取了形象的名字：金牛、明星、問題和瘦狗。

第一，金牛業務。

金牛業務也被戲稱為「印鈔機」，它通常占有很高的相對市占率，因此市場增長率較低，比如微軟的 Windows 和 Office，谷歌（Google）的搜尋業務。

第二，明星業務。

明星業務通常是很有前景的新興業務，在快速增長的市場中，占有相對較高的市占率。比如賣書起家的亞馬遜（Amazon），進入高速發展的雲端運算業務，並占據行業領先地位。雖然剛開始不賺錢，甚至需要大量資金投入，但未來可能會帶

2　降維打擊：原意出劉新慈的小說《三體》，例如將立體的三維世界壓扁成為二維世界的平面，三維世界中的生命與無生命都將形同毀滅。在此引伸成顧問公司利用術語凸顯專業的優勢。

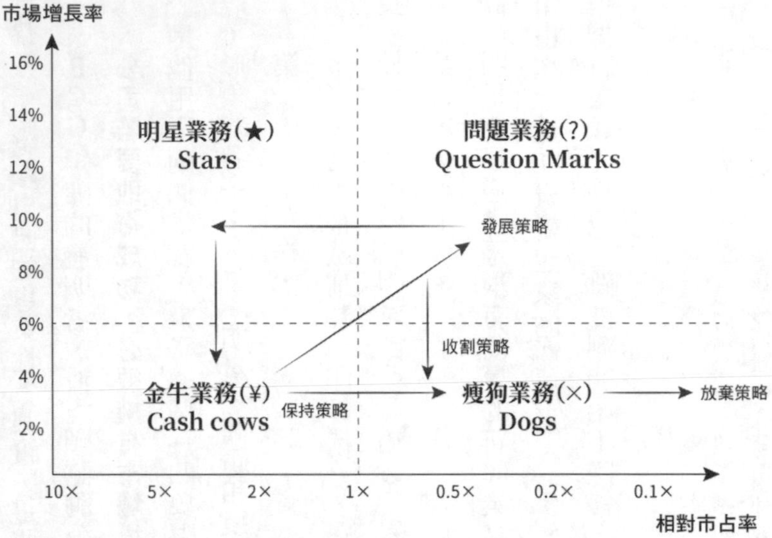

來巨額利潤。一旦明星業務成為金牛，公司就會進入一個爆發期。

第三，問題業務。

問題業務是一些相對市占率還不高，但市場增長率提高很快的業務。比如谷歌的人工智慧、機器人、無人駕駛等業務。之所以叫「問題業務」，是因為它們最終會變成明星業務、金牛業務，還是會死掉，是不確定的問題。

第四，瘦狗業務。

瘦狗業務是相對市占率很低，增長機會有限，「食之無味，棄之可惜」的業務。比如微軟的智慧型手機、騰訊的微博、百度的電商。

回到最初的案例。諮詢顧問提出的建議可以總結為以下四項。

第一，發展策略。將金牛業務的收益投入到問題業務中，以提高問題業務的相對市占率，使問題業務盡快成為明星業務。

第二，保持策略。不輕易投資新方向，好好「養牛」，保持市占率，讓金牛業務產生更多收益。

第三，收割策略。對強大的替代產品已經出現的金牛業務，比如柯達的底片相機，以及發展前景不佳的問題業務和瘦狗業務，盡可能快速的收割短期利益，然後準備放棄。

第四，放棄策略。對於無利可圖的瘦狗業務，果斷清理、撤銷、出售，把資源用在其他有前景的業務上。

每家全球知名的諮詢公司都有自己的看家本領和「行話」，比如麥肯錫的金字塔原理、波特的五力分析、捷克．屈特（Jack Trout）的定位理論、布魯斯的 BCG 矩陣等。學會用 BCG 矩陣的術語和諮詢顧問對答如流還不夠，更重要的是，可以自己分析業務組合，思考策略問題。

KEYPOINT

BCG 矩陣

波士頓諮詢公司的創立者布魯斯以相對市占率為橫軸、市場增長率為縱軸，畫了一個四象限法矩陣圖，把公司的業務組合分為金牛業務、明星業務、問題業務和瘦狗業務。這樣切分業務，不僅能看清業務和現金流的關係，更能採取發展策略、保持策略、收割策略和放棄策略，在動態中尋求最佳的業務組合和發展姿態。

4. 不是沒有重點，是沒有結構——SCQA架構

使用結構化表達工具——SCQA架構，有意識的訓練自己有效表達觀點、突出重點。

某員工要向老闆匯報工作，非常緊張，連夜準備了四十多頁簡報。可是剛講到第二頁，就感覺到老闆有點兒不耐煩了。講到第五頁的時候，老闆打斷說：「不要講簡報了，直接說重點。」該員工當場就傻了，杵在那裡，站也不是，坐也不是。

為什麼會這樣？老闆不滿意，真的是因為員工的報告沒有重點嗎？員工很委屈，覺得自己說的都是重點。其實老闆不滿意，並不一定是因為員工的報告沒有重點，而是在員工沒有受過結構化表達訓練的混亂陳述中，抓不到重點。

什麼是結構化表達？芭芭拉．明托在《金字塔原理》這本書中，除了提出MECE分析之外，還提出一個結構化表達工具：SCQA架構。S，即情境（situation）；C，即衝突（complication）；Q，即問題（question）；A，即答案

（answer）。

在《5分鐘商學院·個人篇》中提到的「起承轉合五步法」——場景導入、打破認知、核心邏輯、舉一反三、回顧總結，其實就是基於一個常用的SCQA架構「標準式」（SCA）：情境—衝突—答案。

「滿懷激情的跟客戶聊了很久，介紹了半天產品，他也確實很心動，似乎什麼都好，但最後還是覺得太貴了。」——「心理帳戶」的概念背景，也就是S。

「真的是因為客戶小氣嗎？你可能會發現，他的包、他的錶都很奢華。小氣和大方是相對的。有沒有什麼辦法可以讓這些所謂小氣的客戶變得大方呢？」——常識衝突，也就是C。

「那我們就來講一講小氣和大方背後的商業邏輯。」——給出答案，也就是A。

芭芭拉·明托的結構化表達工具SCQA架構，還可以變形組合出其他模式，幫助我們在很多溝通場合，比如演講、匯報、寫作時，有效的表達觀點。

第一，開門見山式（ASC）：答案—情境—衝突。

回到最初的案例，員工可以試著這麼報告：

「今天我要報告的，是關於把公司的銷售激勵制度，從拆帳制改為獎金制的提議。」——這就是開門見山，直接拋出答案。

「公司從創始以來，一直使用拆帳制來激勵銷售隊伍。這是三大主流激勵機制（拆帳、獎金、分紅）中的一種，三種激勵機制分別適用於不同的場景。」——這就是情境，對激勵制度做一個完整的介紹。

「但是，拆帳制在公司業務迅猛發展，覆蓋地市愈來愈多的情況下，造成了很多激勵上的不公平：富裕地區和貧窮地區的不公平、成熟市場和新進入市場的不公平，甚至出現員工拿到大筆拆帳，但公司卻虧損的狀態。」——**用「答案—情境—衝突」開門見山的和老闆溝通，第一句就是重點。**

第二，突出憂慮式（CSA）：衝突—情境—答案。

突出憂慮式的關鍵在於強調衝突，引導聽者的憂慮，從而激發其對情境的關注，以及對答案的興趣。醫生常用這一模式。

「哎喲，你病得不輕啊！」——這就是衝突。聽到這句話，估計沒有人心裡不跳了一下。

「還好，能治。美國剛剛有一項最新研究成果，通過了FDA（美國食品藥物監督管理局）認證。」——這就是情境。聽到這句話，一顆懸到嗓子眼的心，總算是放下來了。

「就是……有點兒貴。」——這就是答案。這時候，估計再貴，病人也無所謂了。

第三，突出信心式（QSCA）：問題—情境—衝突—答案。

「今天全人類面臨的最大威脅是什麼？」——這是一個問題。

「在過去的幾十年，科技高速發展，人類擁有的先進武器完全可以摧毀地球幾十次。」——這是一個情境。

「但是，我們擁有摧毀地球的能力，卻沒有逃離地球的方法。」——這是一個衝突。

「所以，我們今天面臨的最大威脅，是沒有移民外星球的科技。我們公司將致力於私人航太技術，在可預見的未來，實現火星移民計畫。」——這是一個答案。

KEYPOINT

SCQA架構

這是一種結構化表達工具，用標準式（SCA）、開門見山式（ASC）、突出憂慮式（CSA）和突出信心式（QSCA）提高表述的結構性，突出重點。

5. 打不贏你，那就搞死你——奇異電器矩陣

有些免費不完全是「情懷」，而是競爭策略。要從競爭實力和行業吸引力兩個維度分析業務，看懂複雜環境的組合決策。

二〇一七年四月，蘋果公司宣布旗下的 iWork（辦公軟體）完全免費。iWork 是一套類似微軟 Office 的軟體。很多人歡欣鼓舞，覺得軟體免費時代就要到來了。真的是這樣嗎？如果軟體免費時代真的到來了，那蘋果手機應用商店（App Store）裡的應用程式為什麼不免費呢？

二〇〇九年十二月，谷歌公司宣布正式發布免費電腦操作系統 Chromium OS。Chromium OS 是一套類似微軟 Windows 的軟體。很多人歡欣鼓舞，覺得邊際成本為零的東西就該免費。真的是這樣嗎？如果邊際成本為零的東西就該免費，那谷歌搜尋的廣告服務，邊際成本也幾乎為零，為什麼不免費呢？

iWork 和 Chromium OS 免費，都不完全是「情懷」，而是競爭策略。這套叫「搞

死你」的競爭策略，源自一個著名的策略分析工具——奇異電器矩陣。

什麼是奇異電器矩陣？

BCG矩陣是諮詢業最重要的分析工具之一，但也被很多人批評「金牛、明星、問題、瘦狗」四象限過於簡單，「相對市占率、市場增長率」兩個維度過於粗暴。在簡單粗暴的BCG矩陣的基礎上，奇異公司（General Eletric Company, GE）公司開發了一個新的業務組合分析工具——奇異電器矩陣，並對BCG矩陣做了兩個重大改變：用「競爭實力」代替「相對市占率」作為橫軸；用「行業吸引力」代替「市場增長率」作為縱軸。

競爭實力，是包括相對市占率、市場增長率、買方增長率、產品差別化、生產技術、生產能力、管理水準的綜合指標。

行業吸引力，是包括產業增長率、市場價格、市場規模、獲利能力、市場結構、競爭結構、技術及社會政治因素的綜合指標。

競爭實力，分為強中弱；行業吸引力，分為高中低。這樣，奇異電器矩陣變成了九宮格。

回到最初的案例，蘋果的iWork為什麼免費？因為微軟Office的霸主地位已經

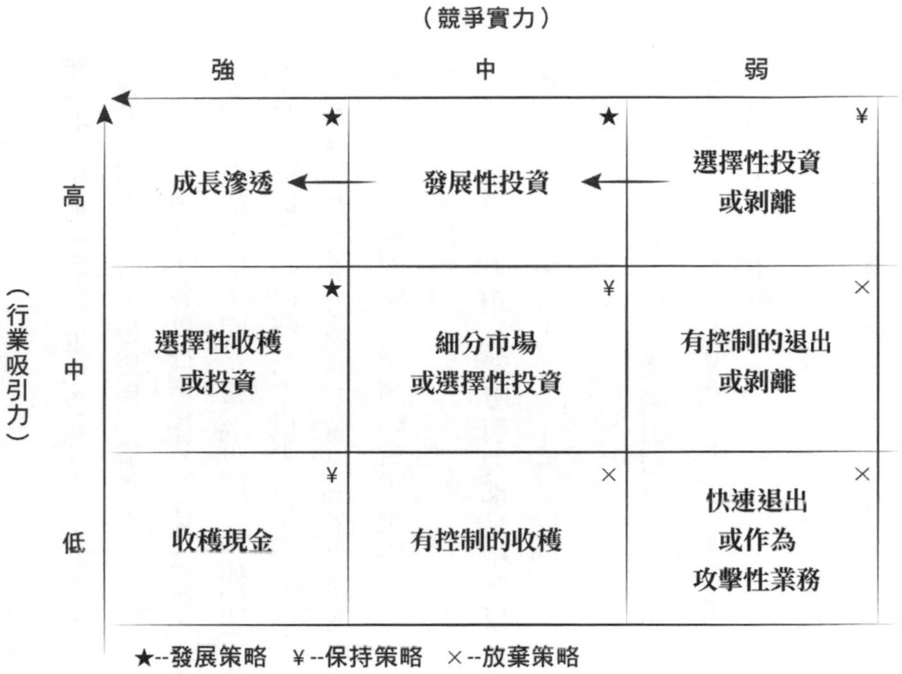

難以撼動，相對來說，蘋果iWork競爭實力比較弱；同時，辦公軟體行業已不再是高速發展行業，其行業吸引力為「低」。

競爭實力弱，行業吸引力低，奇異電器矩陣建議：快速退出，或以某業務作為攻擊性業務。

「快速退出」的意思是：別幹了。「作為攻擊性業務」的意思是：微軟最賺錢的是Office，而iWork由於沒有好的發展前景，於是採取免費策略，這使收費的Office陷入兩難境地。如果Office也免費的話，微軟會失去巨額收入；不免費的話，Office的用戶會非常不滿。這一招俗稱「搞死你」。

同樣的道理，谷歌提供免費的操作系統，釜底抽薪的攻擊微軟的Windows市場。

這一招能不能用呢？當然可以。假如開一家小龍蝦店，對面火鍋店總是搶生意，小龍蝦店可以在門口貼一張告示：在本店吃小龍蝦的顧客，免費贈送火鍋鍋底。

不過，奇異電器矩陣不僅提出了快速退出或攻擊對手的策略，在看清業務後，還可以選擇三種對應的業務組合策略。

第一，發展策略。

對於競爭實力和行業吸引力都是中等以上的業務，應該採取「發展策略」，以投資、成長、收穫為主。

第二，保持策略。

對於競爭實力和行業吸引力有一項明顯弱，但所幸另一項比較強的業務，應該採取「保持策略」，以收穫、細分、剝離為主。

第三，放棄策略。

對於競爭實力和行業吸引力都是中等以下的業務，應該採取「放棄策略」，以剝離、退出、攻擊為主。

KEYPOINT

奇異電器矩陣

奇異電器矩陣是和BCG矩陣類似的策略分析工具，但它有兩個重大改變：第一，用「競爭實力」代替「相對市占率」作為橫軸，用「行業吸引力」代替「市場增長率」作為縱軸；第二，把四象限矩陣，拓展為九宮格。用這個九宮格矩陣能分析更加複雜的環境，做出動態的業務組合決策，比如發展策略、保持策略，或者放棄策略。

6. 鐘型產業，還是尖刀形行業——常態分布和冪次分布

掌握常態分布和冪次分布，有助於理解商業世界的基本業態，並能夠在不同的業態分布中，用不同的商業邏輯順勢而為，尋求成功。

做個小實驗：在一個兩百人以上的微信群裡，請所有人報一下自己準確的身高；接著以五公分為單位，數一數每個身高段各有多少人；然後以身高為橫軸，以人數為縱軸，畫一張圖。仔細看這張圖，發現了什麼？這張圖一定長得像一座鐘。

在不同的微信群做這個實驗，比較一下實驗結果。可能鐘的中間點不同、扁平度不同，但只要人數足夠多，形狀都是一口中間高、兩邊低，甚至左右對稱的鐘。這口鐘就是常態分布。

常態分布是自然界，甚至商業界，最常見的一種分布。當影響結果的因素特別多，沒有哪個因素可以完全左右結果時，這個結果通常就呈常態分布。但並不是所有現象都符合常態分布，還有一種常見的分布，叫作冪次分布。

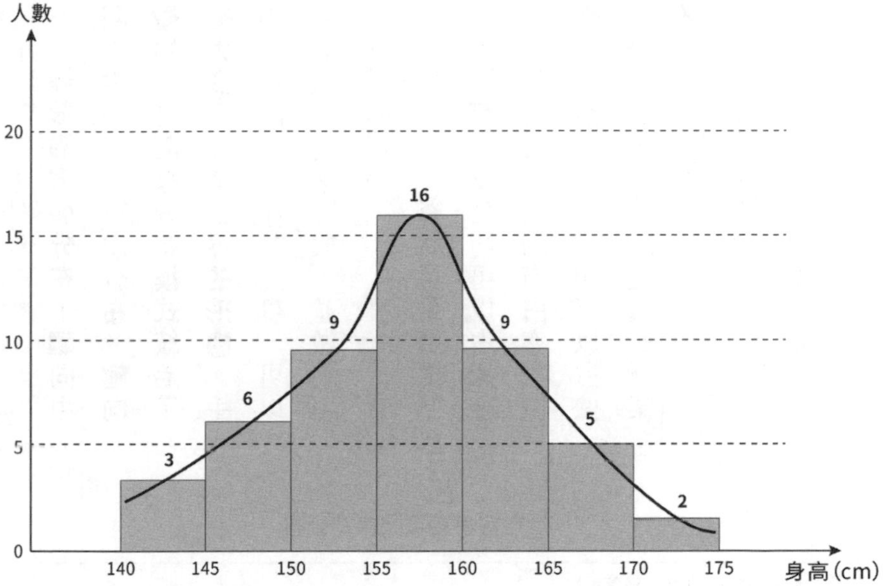

我們再做個小實驗。還是剛才那個兩百人以上的微信群，請所有人報一下自己的資產總額，然後從高到低排序，也畫一張圖。我們可能會發現，有錢人簡直有錢得讓人咋舌，窮人卻窮得讓人無法想像。

這個尖刀似的圖形，就是長尾理論中的「尖頭長尾」。在有些自然或者商業現象中，因為馬太效應、網路效應，導致強者愈強，贏家通吃，這時的結果分布就呈現另外一種「尖刀形」：刀尖的那些有錢人，總體上來說，會愈來愈有錢。

鐘形的常態分布，趨向中間；尖刀形的冪次分布，趨向極端。這兩種分布模式統治了絕大多數商業世界的形態。手中有這兩張圖作為工具，可以看清很多商業現象，並做出正確的策略決策。

有人說，餐飲業到今天為止，沒有一家公司可以占據全國百分之五以上的市占率；但網路行業，一家公司可以占據百分之七十。這說明餐飲行業還有巨大的機會。

真的是這樣嗎？

餐飲業是服務業，它和理

世界富豪榜冪次排行分布

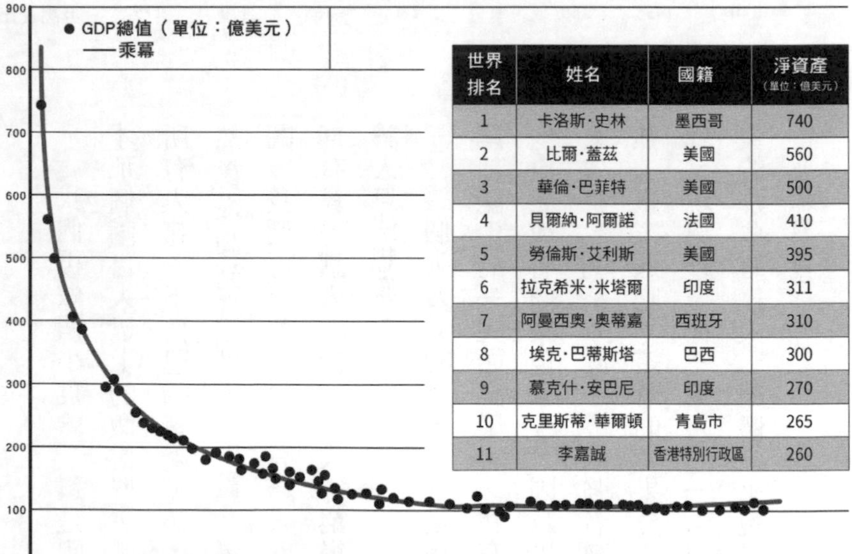

世界排名	姓名	國籍	淨資產（單位：億美元）
1	卡洛斯·史林	墨西哥	740
2	比爾·蓋茲	美國	560
3	華倫·巴菲特	美國	500
4	貝爾納·阿爾諾	法國	410
5	勞倫斯·艾利斯	美國	395
6	拉克希米·米塔爾	印度	311
7	阿曼西奧·奧蒂嘉	西班牙	310
8	埃克·巴蒂斯塔	巴西	300
9	慕克什·安巴尼	印度	270
10	克里斯蒂·華爾頓	青島市	265
11	李嘉誠	香港特別行政區	260

髮一樣，邊際交付時間不為零。邊際交付時間，就是給一個人做飯時，不能同時給另一個人做飯。做一頓飯的時間是剛性的。做得再好吃，一天最多做三到五頓，服務不過來的客人，只能讓給別人。邊際交付時間愈長的行業，愈是分散市場，符合常態分布：賺大錢的人少，虧大錢的也少，大部分人都趨向賺取平均利潤。

而網路行業的邊際交付時間為零，由於網路效應，用戶愈多，彼此正向激勵，用戶就會更多。領先者一旦過了引爆點，就會贏家通吃，產生壟斷。這個行業註定是頭部市場，符合冪次分布。不管曾經是「百團大戰」還是「千團大戰」[3]，最後都會趨向集中在少數幾家手中。

3 百團、千團大戰：中國因網購盛行而出現的網路購物混戰。

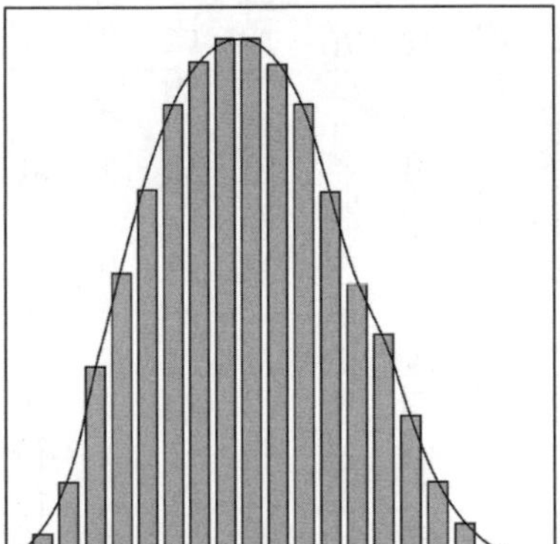

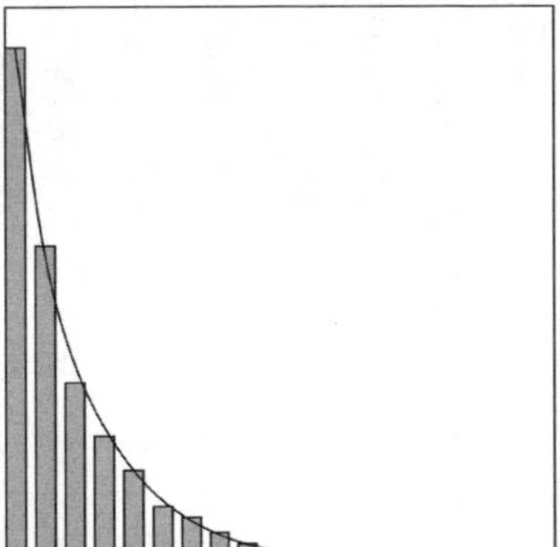

中國前五十個城市GDP總值排行的冪次分布

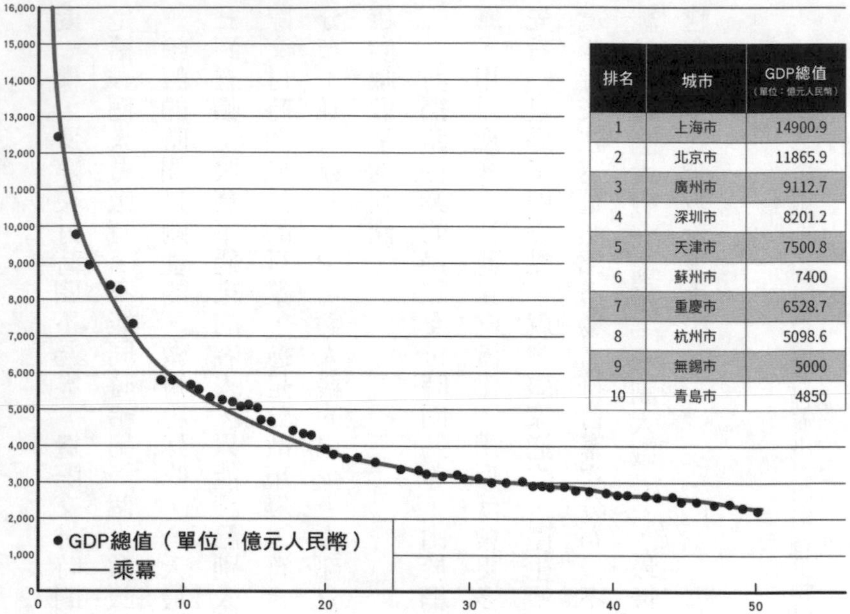

排名	城市	GDP總值（單位：億元人民幣）
1	上海市	14900.9
2	北京市	11865.9
3	廣州市	9112.7
4	深圳市	8201.2
5	天津市	7500.8
6	蘇州市	7400
7	重慶市	6528.7
8	杭州市	5098.6
9	無錫市	5000
10	青島市	4850

還有哪些商業現象，符合常態分布呢？

比如產品質量。大部分產品的質量都是普通的，真正的好產品非常少，一無是處的壞產品也不多見。這就是為什麼質量管理領域會有「六標準差管理」。

比如員工績效。大部分員工的業績都是一般的，做得特別好的非常少，做得特別差的也不多見。這就是為什麼績效管理領域會有「活力曲線」，強制二比七比一分布考核業績。

還有哪些商業現象符合冪次分布呢？

比如GDP（國內生產總值），一般而言，一個城市的GDP愈高，經濟愈發達；因為馬太效應，就會吸引更多人才，GDP也會相應更高。

比如大學，愈優秀的大學，愈能吸引好學生；愈好的學生，愈能促進大學更優秀。因為網路效應，好的大學會愈來愈好，差的大學會愈來愈差。

KEYPOINT

常態分布和冪次分布

常態分布，指的是在商業世界中，因為邊際交付時間等因素導致好的少，差的也少，大部分企業趨向中間的一種「鐘形」分布。冪次分布，指的是在商業世界中，因為網路效應等因素導致強者愈強，弱者愈弱，大部分企業走向極端的一種「尖刀形」分布。

7. 仰視微觀之前，先俯視宏觀——PEST模型

分析企業策略，僅從微觀看外部競爭和內部能力，有時候是不夠的，還要從政治、法律、經濟、社會文化、技術等角度看宏觀大勢。

有一家成熟的代工企業，一直接受國外訂單，做得風生水起。但是最近幾年，公司訂單明顯減少。公司管理層開會，考慮是否應該從代工轉型自創品牌，然後直接通過 eBay 等跨境電商平台，對海外銷售。

這是一個重大的策略問題。應該怎麼分析這個問題呢？用波特的五力分析，研究競爭對手的做法嗎？用 BCG 矩陣，看看這塊業務是不是明星業務嗎？用奇異電器矩陣，把代工改為攻擊性業務嗎？

這些工具可能都不夠用了，因為它們都是微觀分析工具。**身處一個高速變化的時代，我們在趴下來仰視微觀之前，需要先站起來俯視宏觀。**正如招商銀行前行長馬蔚華所說：「不知宏觀者無以謀微觀，不知未來者無以謀當下。」

PEST模型是「俯視宏觀」的策略分析工具，它的四個字母分別代表俯視宏觀的四個角度：Political（政治／法律），Economic（經濟），Social（社會文化），Technological（技術）。有人覺得這四個字母不好記，就把它們重新組合為STEP，也就是「腳步」。

回到最初的案例。我們從四個角度來俯視一下這家企業的宏觀環境。

第一，政治／法律。

俯視政治或法律的角度包括：環保制度、稅收政策、國際貿易章程與限制、合約法、勞動法、消費者權益保護法、競爭規則、政治穩定性、安全規定等。

簡單來說，就是國家想讓你幹什麼。這些制度都體現了國家意志，而國家意志就是政策紅利。那麼，國家意志是什麼呢？認真研究，就會發現中國現在提得最多的就是「一帶一路」倡議。一帶一路，就是要把中國的優勢產能向海外輻射。

分析完「P」後，這家企業對跨境電商有了信心。

第二，經濟。

俯視經濟的角度包括：經濟增長、利率與貨幣政策，政府開支、失業政策、稅收、匯率、通貨膨脹率、商業週期的所處階段、消費者信心等。

簡單來說，就是在經濟的海洋中，看到哪裡在潮起，哪裡在潮落。比如，最近幾年GDP下滑，人民幣貶值。所以，出口跨境電商，相對於進口，更能利用人民幣貶值，貢獻GDP。

分析完「P」和「E」後，這家企業已經有了做「出口跨境電商」的決心。

第三，社會文化。

俯視社會文化的角度包括：收入分布與生活水準、社會福利與安全感、人口結構與趨勢、勞動力供需關係、企業家精神、潮流與風尚、消費升級、大健康、新生代生活態度等。

《5分鐘商學院．商業篇》講到了「人口撫養比」，二十世紀六〇年代到七〇年代的人口紅利逐漸失去，二十世紀九〇年代到二十一世紀初的出生人口急遽減少，必然導致勞動力短缺，人工成本上漲。人工成本是代工行業的生命。怎麼辦呢？必須在產品價格和人工成本之間，加入別的東西來支撐利潤，比如品牌價值。

分析完「P」、「E」、「S」之後，這家企業堅定了「自有品牌的出口跨境電商」之路。

第四，技術。

俯視技術的角度包括：新能源、網路、行動上網、大數據、機器人、人工智慧、產業技術、技術採用生命週期等。

什麼技術會對「自有品牌的出口跨境電商」有影響？是機器人嗎？機器人很重要，它將對沖人工成本上升的問題。但是機器人發展的最終歸宿，是讓製造業不再需要人工。如果製造業真的不需要人工了，那些國際品牌會把工廠建在哪裡呢？原材料生產國、協力廠商製造國，還是目的地市場國？

如果製造業減少對人工的依賴，愈來愈多的品牌可能不再需要把原材料大費周章的從世界各地運到協力廠商製造國，用最低廉的人工成本生產，再運到目的地市場國。它們可能會選擇在目的地市場國建立工廠，提高回應客戶需求的速度。

機器人是一個「短期是機會，長期是挑戰」的技術。這家企業給「自有品牌的出口跨境電商」之路設定了一個時間期限——十年。

經過PEST四步分析，這家企業已經有了一個總體策略：十年內，從代工企業轉型為自有品牌的出口跨境電商。這條路雖然不容易走，卻是通往未來的道路。

KEYPOINT

PEST 模型

分析企業的策略，僅僅從微觀看外部競爭和內部能力，有時候是不夠的，還要從宏觀看浩蕩大勢。PEST模型就是從政治／法律、經濟、社會文化、技術四個角度，在趴下來仰視微觀之前，先站起來俯視宏觀。

8. 要下蛋的鵝，還是吃肉的鵝——平衡計分卡

收入、成本和利潤這些傳統指標，只能衡量過去發生的事，無法評估前瞻性投資。可以借助平衡計分卡管理公司的短期利益和長期利益。

有一位企業家很焦慮，自己是公司的創始人，也是公司最大的銷售員，一週七天有五天都在外面和客戶見面。公司業績雖然不錯，但是總感覺誰都沒法依靠，什麼都要靠自己，愈來愈焦慮，也愈來愈疲憊。重金招聘一些優秀的人？不行，公司支出會大增，如果不能帶動收入，成本指標會很難看。總結自己的銷售經驗，培訓公司的銷售團隊呢？也不行，太耽誤與客戶談生意了，收入指標會很難看。那麼請個培訓機構，給員工培訓呢？還是不行，培訓經費要從可分配利潤裡出，利潤指標會很難看。

這位企業家的心中只有三個數字：收入、成本和利潤。一切影響這三個數字的，都犯了天條。

這三個數字重不重要？當然重要。但是企業家之所以能有今天的收入和利潤，是因為自己是一隻能下金蛋的鵝。下了金蛋後，不去多買幾隻鵝一起下蛋，而是把牠們都拿回家保存起來，然後抱怨自己下蛋太辛苦，那不是自找的嗎？

這是很多管理者都容易犯的一個錯誤：短期利益一毛不拔，卻渴望能擁有長期利益。又想馬兒跑，又想馬兒不吃草；又想鵝下蛋，又想吃鵝肉。

《5分鐘商學院．管理篇》裡講到，**優秀的管理者要懂得平衡短期利益與長期利益；平衡股東、員工與客戶；平衡結果與過程。**

平衡計分卡是哈佛商學院教授羅伯特．科普朗（Robert S. Kaplan）和復興全球策略集團創始人大衛．諾頓（David P. Norton）創建的一種策略管理工具。他們認為，傳統的財務指標，比如收入、成本和利潤，只能衡量過去發生的事情，但無法評估組織前瞻性投資。作為執行長（CEO），應該從財務、客戶、過程、創新與學習四個維度來平衡管理公司。

比如一家兒童醫院，應該如何用平衡計分卡來管理？

第一，財務。

作為醫院，當然應該關注整個醫院的收入、每個病案的收入、每個病案的成

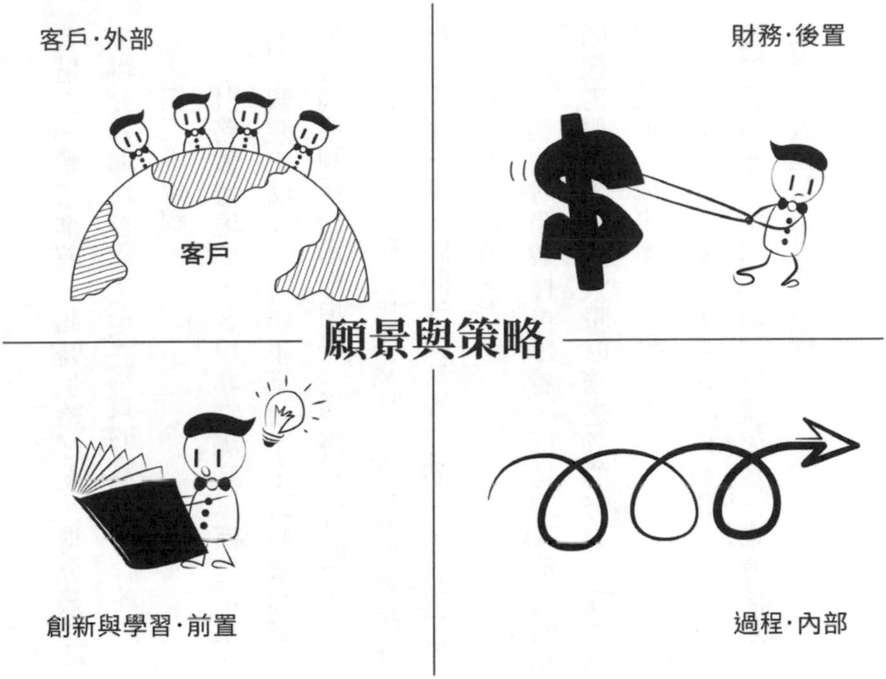

本，以及由此計算出來的毛利率和扣除成本後的淨利潤。這些都是重要的財務指標。

第二，客戶。

但是，如果僅僅考核財務指標，可能會產生過度醫療、批發式看病等隱患，進而導致醫患糾紛、病人流失、監管處罰，甚至發生醫生遇襲的悲劇。所以，平衡計分卡要求設定與客戶「共贏」的平衡指標，中和對利潤的貪婪。

比如，由協力廠商調查的「患者滿意度」與每一位醫生的收入掛鉤；微信匿名調查患者是否「願意推薦」此醫生給好友，得分最差的醫生，定期淘汰。若整個醫院的醫生得分普遍比較差，追究院長的責任。

第三，過程。

財務數據優異，客戶非常滿意，都是結果。結果源於對內部管理過程的嚴苛控制。醫院不賺錢、客戶不滿意……這些壞結果，考核時已經不可改變。要設定與結果有因果關係的過程指標，通過過程控制結果。

比如，把住院天數、滿床率等作為財務指標這個「果」的「因」，考核管理層；把感染率、排隊時間等作為客戶滿意度這個「果」的「因」，考核相關人員。

第四，創新與學習。

今天的財務數據再好看，都是昨天努力的結果。要想明天的財務數據也好看，同樣需要今天做出大量財務之外的努力。在產品、服務、人才、科技上的投入，就用「遠近」來平衡急功近利。

比如，用「病例知識庫」的數量、易用性、使用率來考核技術部門，提高醫院整體醫療水準；用「培訓交流天數」來考核醫生的學習投入；用「新儀器使用率」來考核醫生對工具的掌握。

這四套體系，十五至二十個指標，已經把公司的「願景和策略」像發泡錠一樣融入每一位員工日常的每一項工作中。這也是為什麼平衡計分卡被稱為策略管理工具。

KEYPOINT

平衡計分卡

平衡計分卡，就是在財務、客戶、過程、創新與學習四個維度分別設定指標，平衡管理的一套策略工具。用「共贏」指標來平衡外部與內部，用「因果」指標來平衡過程與結果，用「遠近」指標來平衡短期與長期，幫助執行長成為一個真正的思考者和執行者。

9. 如何用科學的方法追到女神——SWOT分析

正確使用SWOT分析法，首先需要了解公司內部的優勢和劣勢，外部的機會和威脅，然後根據不同情況採取應對策略。

一名求職者參加一家大公司的面試，一路過關斬將，終於見到了老闆。老闆問了他很多問題，他也對答如流。最後老闆闔上簡歷，望著他的眼睛問：「你覺得能力和機遇哪個更重要？」

「這真是一個好問題。」求職者輕聲應道。說能力更重要，老闆會不會說他沒遠見，不是常說「選擇比努力更重要」嗎？說機遇更重要，老闆會不會說他不踏實，不也常說「機遇總是留給有準備的人」嗎？

到底哪個更重要？這個問題先放下不表，來看一個貌似無關的工具：SWOT分析。

SWOT分析是二十世紀八〇年代初由美國舊金山大學管理學教授韋里克

（Heinz Weihrich）提出的。S、W、O、T四個字母，分別代表Strength（優勢）、Weakness（劣勢）、Opportunity（機會）和Threat（威脅）。

比如一個人追求學校裡的校花，怎麼才能追到手？先對他做一下SWOT分析：優勢——學習好，智商高；劣勢——長得實在是太醜；機會——學校即將辦一場聯誼舞會，校花也會參加；威脅——不幸的是，全校最帥的男生也會去。

很多人知道SWOT分析，但並不是每個人都懂得SWOT分析的正確用法。**SWOT分析的關鍵是：列好S、W、O、T後，把四個字母兩兩組合，產生四大策略。**

第一，SO：優勢＋機會。

優勢和機會匹配嗎？也就是說，「學習好，智商高」這個優勢，能在「聯誼舞會」上展現嗎？舞會主辦方會允許追求者上臺晒成績單，或者證明貝氏定理嗎？

如果可以，「優勢＋機會」的「槓桿效應」，會利用內部優勢撬動外部機會，讓追求者閃閃發光。追求者應該立刻報名，準備表演，獲得女神青睞。這種策略叫作增長型策略。

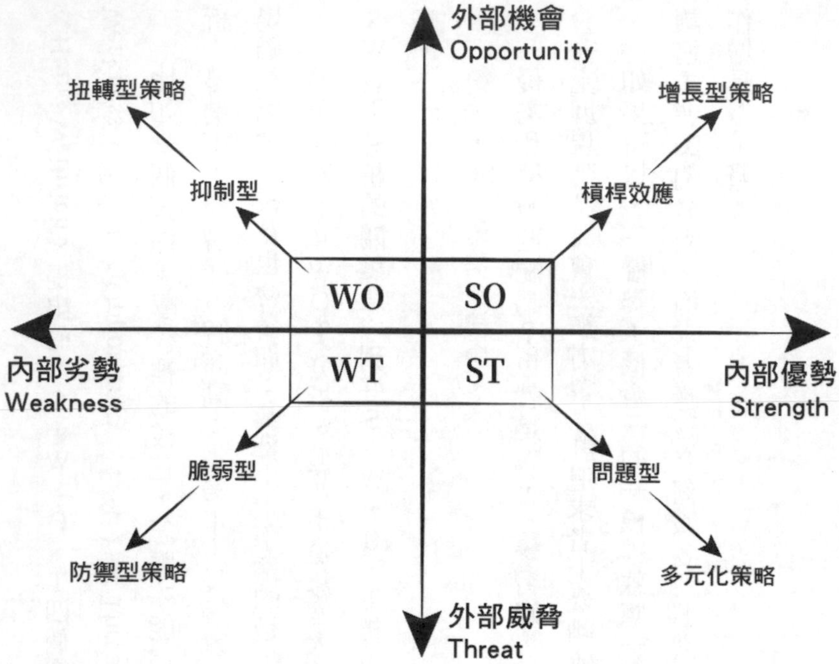

第二，WO：劣勢＋機會。

但是，估計所有的學校都是一樣的：沒顏值是上不了臺的。也就是說，外部的機會與內部的優勢不相對。甚至外部機會需要的能力，恰恰是追求者的劣勢。

「劣勢＋機會」的「抑制性」，會壓制追求者的優勢，放大追求者的劣勢。那怎麼辦呢？採取扭轉型策略，改變劣勢，迎合難得的機會。比如，立刻帶著王俊凱、王源和易烊千璽的照片去韓國整容，然後回來報名，申請獨唱《青春修練手冊》。

第三，ST：優勢＋威脅。

追求者的優勢是「學習好，智商高」，威脅是「全校最帥的男生」也會參加舞會。怎麼辦？

「優勢＋威脅」將會體現出「問題性」。在「顏值就是價值」的舞會上，追求者的智商優勢得不到充分發揮，出現「優勢不優」的問題場面。必須採取多元化策略，發揮優勢。

高智商的追求者靈機一動，找到團委老師說：「老師，為了鼓勵大家學習，我覺得今年的聯誼舞會可以創新一下。我們理工院校，女同學稀少，可以憑學生證入場；男同學過剩，必須憑期末成績入場。這樣可以激勵同學們考出好成績。」

第四，WT：劣勢＋威脅。

運用多元化策略，追求者攔掉了一大批高顏值、低智商的競爭對手。現在能進舞會的，都是智商不差，顏值也未必低的對手，這是真正嚴峻的挑戰。

「劣勢＋威脅」，追求者遇到了最困難的「脆弱性」局面。怎麼辦？採用防禦型策略，成立一個「誰說美女學不好數學」的社群，在舞會上招募會員，創造更多的接觸機會，避免和帥哥在舞會上正面對抗。

這就是SWOT分析和四大策略。

回到最初的案例。老闆追問求職者：「能力和機遇，哪個更重要？」能力就是Strength，機遇就是Opportunity。求職者對老闆說：「當能力撐不起野心時，所有的路都是彎路。能力匹配機遇，最重要。」然後頓一頓說：「我給您講一個我在大學時，如何匹配能力和機遇，用SWOT分析追到校花的故事吧……」

KEYPOINT

SWOT分析

SWOT分析，就是通過對內部優勢和劣勢、外部機會和威脅的分析，產生四大場景，以及對應的四大策略的分析工具。這些場景和策略是：在「優勢＋機會」的槓桿效應下，採取增長型策略；在「劣勢＋機會」的抑制性場景中，採取扭轉型策略；在「優勢＋威脅」的問題性場景中，採取多元化策略；在「劣勢＋威脅」的脆弱性場景中，採取防禦型策略。

10. 商業模式就是「怎麼賺錢」嗎——商業模式圖

「商業模式圖」包含四個角度、九個模塊，可以用來簡單高效的設計和表述一整套商業模式。

有一個人某天突然被靈感砸中腦袋，產生了一個創業想法：做一個人臉識別系統，幫助服裝店用智慧攝影機識別顧客，自動配對顧客在社交帳戶裡的文字、照片、影片等，識別顧客的性格、愛好、婚姻狀態、消費能力等，店員可以有針對性的推薦銷售，提高成交率。他立刻做了個模型，到處見投資人。投資人聽他劈哩啪啦講了四十五分鐘之後，點了點頭，冷靜的問：「你的商業模式是什麼？」這幾乎是每個投資人都會問的問題，卻讓他很無語：「剛才我講的，難道不是商業模式嗎？」

商業模式和策略一樣，是一個被廣泛使用，但沒有官方定義的概念。很多人問商業模式，其實就是問怎麼賺錢。但《獲利世代》（*Business Model Generation*）的作者亞歷山大．奧斯瓦爾德（Alexander Osterwalder）認為，**一個完整的商業模式，**

應該包括四個視角、九個模塊。他提出了著名的「商業模式圖」。

下面我們試著用商業模式圖來回答一下這位投資人的問題。

很好的問題。關於「熟悉的陌生人」這個項目的商業模式，我們是從四個視角——為誰提供、提供什麼、如何提供，以及如何賺錢來考慮的。我將基於這四個視角，從九個方面詳細回答您的問題。

第一，客戶細分。

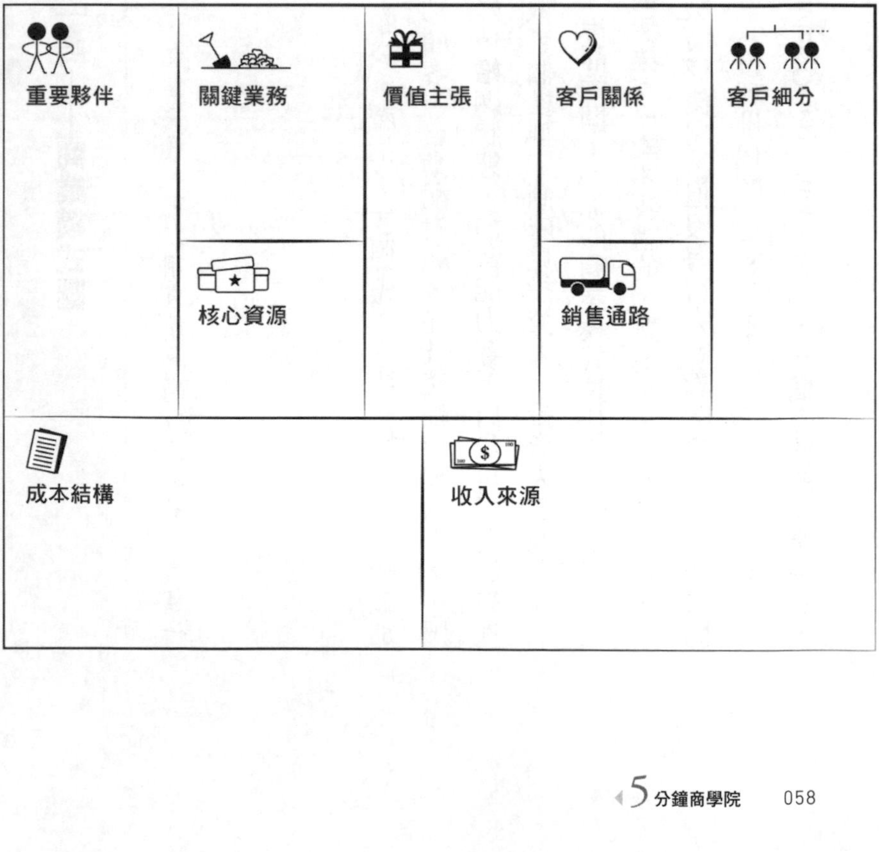

零售作為一個管道，其效率等於「流量×轉化率×客單價」。店面銷售人員從顧客進門開始，就為轉化率和客單價而戰。但是這些都嚴重依賴於對客戶的深度了解。我們打算服務於所有為此痛苦的店面。

第二，價值主張。

「熟悉的陌生人」項目所提供的價值，是通過店面智慧攝影機的人臉識別，配對每個到店客人的社交帳戶，把即便是第一次到店的客人也變成「熟悉的陌生人」，讓店員有針對性的推薦服裝，提高轉化率、客單價，提升業績。

第三，管道通路。

我們的合夥人在服裝業深耕二十多年，了解加盟、開店、營運的各種明規則、暗文化。我們會先通過幾家小店走通消費環節，然後集中火力攻占一家大型連鎖服裝店，再以此為樣本，與加盟商合作，在全國推廣我們的系統。

第四，客戶關係。

我們將通過代理管道，和門店建立商務關係；通過雲端系統，和門店建立營運關係。隨著「熟悉的陌生人」在系統內的購買量愈來愈大，我們對顧客的分析和推薦將更加精準。我們和店面之間會形成彼此增益的關係。

第五，收入來源。

初裝費，也就是人臉識別設備和安裝費用。人臉識別設備的收入，歸公司；安裝費用，用來維護管道。

使用費。門店可以按成功識別次數，單獨支付使用費。

會員費。門店可以購買年度會員，享受全網社交配對能力；還可以購買年度金牌會員，享有系統不斷積累的獨家消費數據，進一步提升業績。

第六，核心資源。

我在人工智慧，尤其是人臉識別領域已有十年的研究積累，發表了眾多論文。技術實力是「熟悉的陌生人」系統巨大的支撐。

第七，關鍵業務。

我們要做三件核心的業務：1、建立全網社交數據庫，利用大數據和人工智慧，做性格、偏好、消費能力等特徵分析；2、提高識別的速度和正確率，實現百分之九十五正確率的秒級響應；3、在全國鋪設代理、加盟的管道體系。

第八，重要夥伴。

我們的第三合夥人專門負責策略合作。我們正在建立和社交平台、硬體供應商、行業協會等相關領域的合作關係。

第九，成本結構。

我們最重要的成本是人員成本。這也是我們需要融資的原因。這筆錢將用來：1、擴大團隊，加快技術反覆運算；2、拓展全國性加盟網絡；3、做案例行銷，獲得關注。

「為誰提供、提供什麼、如何提供，以及如何賺錢」就是我們的商業模式。希望能得到您的投資，我們一起創造新的藍海。

這就是「商業模式圖」，用四個視角、九個模塊來設計和表述商業模式。

KEYPOINT

商業模式圖

《獲利世代》的作者亞歷山大．奧斯瓦爾德提出了一套叫「商業模式圖」的工具。這套商業模式圖包括四個視角：為誰提供、提供什麼、如何提供，以及如何賺錢；九個模塊：客戶細分、價值主張、管道通路、客戶關係、收入來源、核心資源、關鍵業務、重要夥伴，以及成本結構。

筆記時間

第二章 博奕工具

明明可以共贏，為什麼他們「損人不利己」——**納許均衡**

向香港電影學習如何破解「囚徒困境」——**囚徒困境**

不懂搭便車，連小豬都不如——**智豬博奕**

三根救命毫毛，為何只給孫悟空——**公地悲劇**

誠信是與這個世界重複博奕的心態——**重複博奕**

你有你的「空城計」，我有我的「木馬計」——**不完全資訊博奕**

讓時間最不值錢的旅客下飛機——**拍賣博奕**

博奕遊戲，有時也是吃人的陷阱——**博奕遊戲**

吃著碗裡的，看著鍋裡的，想著田裡的——**零和賽局**

用懲罰回報惡行，用善行回報善行——**以牙還牙**

1. 明明可以共赢，為什麼他們「損人不利己」——納許均衡

納許均衡是一種博奕的穩定結果，誰單方面改變策略，誰就會損失。用這個視角看商業世界，會有不同的發現。不過結果好壞，關鍵靠制度設計。

兩家人工智慧公司「熟悉的陌生人」和「看透人心」，都在耕耘人臉識別市場，但這項技術還處於「技術採用生命週期」的早期，用戶接受起來比較困難。於是兩位創始人見面，商量共同投入，培育市場，並立下君子協定：各投入一億元[4]，大舉宣傳人臉識別技術。這將給各自帶來兩億元收入，減去投入，各賺一億元。但如果只有一家投入，效果會差很多，投入一億元賺五千萬元，等於賠五千萬元，不過未投入者會搭便車賺到兩千萬元。如果都不投入呢？不賺不賠。

顯然，共同投入是最優策略。

4 以下幣值若未特別標注，皆以人民幣計算。

聯合宣傳策略		熟悉的陌生人	
		投入一億元	不投入
看透人心	投入一億元	熟悉的陌生人：賺一億元 看透人心：賺一億元	熟悉的陌生人：賺兩千萬元 看透人心：賠五千萬元
	不投入	熟悉的陌生人：賠五千萬元 看透人心：賺兩千萬元	熟悉的陌生人：不賠不賺 看透人心：不賠不賺

其中一家公司創始人立刻召集團隊開會，部署一億元的銷售計畫。這時，銷售總監對他說：「老闆，一億元不是小數目。如果他們投了，我們不投，就可以白賺兩千萬元，讓他們倒虧五千萬元。那時我們再繼續乘勝追擊，擴大戰果，順便幹掉元氣大傷的對方，不是更好嗎？而且，假如我們真投了一億元，對方狡猾不投，我們不是會死得很難看？」

創始人一聽，有道理，那先看看他們的動作。等了幾個月，雙方都沒動作。創始人咬牙切齒：「還好我也沒投，不然死無葬身之地。」

這個場景是不是很常見？我們把這叫作「各懷鬼胎」。但「共同投入，共同獲利」

明顯是最優策略，為什麼雙方最後都選擇「損人不利己」呢？是道德問題嗎？是文明程度問題嗎？

都不是。因為在這個制度設計下，損人不利己其實才是最優策略。要解釋這個問題，就要說到美國數學家約翰．納許（John Nash）和著名的「納許均衡」。

亞當．斯密認為，通過市場這隻「看不見的手」調節個體追求私利的行為，反而會促進集體利益最大化。但納許發現好像不對。在上面的案例中，雙方都不在乎柏拉圖最適、社會福利函數最大化，他們只在乎一件事：如果自己投資了而對方沒有投資，自己就會有巨大損失。這個風險承受不起。博奕到最後，一方不投入，另一方也不投入，大家都不投入。

而且，「都不投入」的結果一旦形成，就非常穩定。一方想改變現狀，決定單方面投入，會損失五千萬元；另一方決定單方面投入，也會損失五千萬元。誰也無法單方面改變現狀。這樣就形成了一個穩定的「納許均衡」，雖然它是一個「壞的均衡」。

簡單來說，納許均衡就是一種博奕的穩定結果，誰單方面改變策略，誰就會損失。

聯合宣傳策略		熟悉的陌生人	
		投入一億元	不投入
看透人心	投入一億元	熟悉的陌生人：賺一億元 看透人心：賺一億元	熟悉的陌生人：賠三千萬元 看透人心：不賠不賺
	不投入	熟悉的陌生人：不賠不賺 看透人心：賠三千萬元	熟悉的陌生人：不賠不賺 看透人心：不賠不賺

把「壞的均衡」變成「好的均衡」，必須改變制度設計。比如簽署違約條款：未投入者，賠償對方五千萬元。這時，「共同投入」就成為新的納許均衡，一個好的均衡。

這個學說的提出，震動了整個經濟學界。諾貝爾經濟學獎得主薩繆森（Paul Anthony Samuelson）曾說：你只要教會一隻鸚鵡說「供給」和「需求」，它就能成為經濟學家。博弈論專家坎多瑞（Kandori）說：這隻鸚鵡現在必須多學一個詞了，那就是「納許均衡」。諾貝爾經濟學獎得主梅爾森（Roger Bruce Myerson）說：發現納許均衡的意義，可以和生命科學中發現DNA的雙螺旋結構相媲美。

有了納許均衡的視角，再去看整個商業

世界，就像開了天眼一樣，在不同的制度設計下，滿眼都是「好的均衡」和「壞的均衡」。

比如價格大戰。寡頭們都不降價，收益最大。但如果一家悄悄降價，就會搶占巨大利益。所以，降價是寡頭們的最優策略，導致利潤微薄的「壞的平衡」。而寡頭們通過制度設計，組成「托拉斯」，形成價格同盟，走向「好的平衡」。接著政府通過制度設計，出台《反托拉斯法》，打破價格同盟，逼著寡頭們走向「壞的平衡」。

很多博奕論中的經典理論都基於納許均衡。

KEYPOINT

納許均衡

簡單來說，納許均衡就是一種博奕的穩定結果，誰單方面改變策略，誰就會損失。「看不見的手」未必會把自私的力量導向社會福利最大化。自私，可能會導致好的納許均衡，也可能會導致壞的納許均衡，關鍵是制度設計。

2. 向香港電影學習如何破解「囚徒困境」——囚徒困境

博奕論中最經典的案例，是「好的不均衡，壞的卻穩定」的囚徒困境。可以通過提高合作報酬和背叛懲罰，破解這個問題。

一九五〇年，美國數學家艾伯特·塔克（Albert Tucker）為了向一群心理學家解釋博奕論，編了一個「囚徒困境」的故事。

兩名囚徒A和B被隔離審訊。如果兩人彼此背叛，都坦白罪行，會被判刑八年。但如果一人坦白，一人不坦白，坦白的人直接釋放，不坦白的人重判十五年。如果兩人合作，都不坦白呢？因為證據不足，都只判一年。

囚徒應該怎麼做？顯然，「都不坦白」是最優策略，兩人判得最輕。但學過納許均衡就會明白，「都不坦白」是經不起考驗的最優策略：如果一方選擇背叛，將立即獲釋，誘惑太大；而且就算守口如瓶，萬一對方背叛了呢？會被判十五年，風險太高。在利益驅使下，「都不坦白」不是穩定的納許均衡。

囚徒困境		A	
		合作（不坦白）	背叛（坦白）
B	合作（不坦白）	A: 合作報酬：判一年 B: 合作報酬：判一年	A: 背叛誘惑，判零年 B: 受騙支付：判十五年
	背叛（坦白）	A: 受騙支付：判十五年 B: 背叛誘惑：判零年	A: 背叛懲罰，判八年 B: 背叛懲罰：判八年

「都坦白」呢？那兩人都會獲刑八年。這時，如果一名囚徒決定守口如瓶，他的八年刑期將立刻變為十五年，而另一人則被釋放。這一點兒好處都沒有，兩名囚徒如果是理性的，都不會這麼幹。「都坦白」是囚徒困境中唯一穩定的納許均衡。

「好的不均衡，壞的卻穩定」的囚徒困境，是博弈論中最經典的案例。

一個典型的囚徒困境，用數學的語言表述，其實就是滿足兩個條件的博弈。

第一，背叛誘惑大於合作報酬。在這裡，合作報酬是判刑一年，背叛誘惑卻是立即釋放。這將導致「都不坦白」不構成穩定的納許均衡。

第二，受騙支付大於背叛懲罰。在這個

案例中，背叛懲罰是判刑八年，受騙支付卻是判刑十五年。這將導致「都坦白」成為穩定的納許均衡。

這就是「囚徒困境」的數學原理。理解了這兩點，破解方法也就顯而易見了：讓「合作報酬大於背叛誘惑」，「背叛懲罰大於受騙支付」。

具體怎麼做？香港警匪片中有很多關於博奕論的情節。下面我們向香港電影學習如何破解「囚徒困境」。

第一，讓「合作報酬大於背叛誘惑」。

怎樣才能提高合作報酬，也就是「不坦白」的收益？在香港電影中，如果死不招供，坐牢時就會有人帶話：「大哥讓我告訴你，家裡的事情不用擔心，老人、嫂子、孩子，我們都會照顧好。你出獄那一天，還會有一大筆現金。」這就是提高合作報酬。

怎樣才能降低背叛誘惑？一個坦白從寬的囚徒，如果因為背叛而被立即釋放，電影中通常會出現這樣的場景：一個冬日的夜晚，他走向自己的汽車，發動的一瞬間，汽車轟然爆炸。從博奕論的角度看，其實就是用「有仇必報」的制度降低背叛誘惑。

黑社會老大也許沒學過博奕論，但他在做的事情，就是努力讓「合作報酬大於背叛誘惑」，把「都不坦白」變為一個穩定的、對他來說好的納許均衡。

第二，讓「背叛懲罰大於受騙支付」。

把「都不坦白」變為納許均衡後，囚徒困境就有了兩個納許均衡：都不坦白和都坦白。下面就要摧毀「都坦白」這個舊的納許均衡。怎麼做？提高背叛懲罰，降低受騙支付。

怎樣才能提高背叛懲罰？除了打打殺殺的懲罰之外，香港電影裡的黑社會都在建設一種「忠義文化」。這種文化的本質，是增加心理上的背叛懲罰：不講義氣？那會被整個組織、整個江湖唾棄，甚至沒有立足之地。

怎樣才能降低受騙支付？囚徒被出賣了，兄弟們除了給錢，幫他贍養家人之外，還會替他報仇，他的仇人就是兄弟們的仇人。不管他的仇人走到天涯海角，雖遠必誅。這就是降低受騙支付。

黑社會老大繼續努力讓「背叛懲罰大於受騙支付」，最終摧毀了「都坦白」這個對他來說壞的納許均衡。於是，通過制度設計，「都不坦白」就變成了唯一的納許均衡。

KEYPOINT

囚徒困境

「背叛誘惑大於合作報酬」導致大家都想招供，「受騙支付大於背叛懲罰」導致大家不願守口如瓶，這種困境就叫「囚徒困境」。怎麼破解囚徒困境呢？我們可以向香港電影中的黑社會學習：第一，提高合作報酬，降低背叛誘惑，把「都不坦白」變成新的納許均衡；第二，提高背叛懲罰，降低受騙支付，打破「都坦白」這個原有的納許均衡。

3. 不懂搭便車，連小豬都不如——智豬博弈

小企業要懂得合理搭便車，實施「占優策略」分得市場。大企業要懂得利用專利保護等制度設計，制約小企業占盡便宜。

智豬博弈是基於納許均衡的一個著名案例。

這是博奕論界一個非常知名的豬圈。豬圈很長，一頭是一個踏板，另一頭是一個食槽。如果在這一頭踩下踏板，那一頭的食槽就會掉下十份食物。豬圈裡面有一隻大豬和一隻小豬。不管誰去踩踏板，都要消耗相當於兩份食物的能量。那麼問題來了，誰去踩踏板呢？有四種情況。

第一，大豬、小豬都守在食槽邊，等著對方去踩踏板。這樣誰也吃不上。

第二，大豬、小豬同時踩踏板，然後同時跑向食槽，同時吃。大豬比較能吃，吃了七份食物，減去跑步消耗的兩份體能，實得五份；小豬則只吃了三份，實得一份。

第三，大豬很懶，守在食槽邊不動，小豬跑去踩踏板。這時大豬就能吃得更

多，獨得九份，而且因為沒有運動，實得九份；小豬踩完踏板跑到食槽邊，就只能吃到一份，減去跑步消耗的兩份體能，實得負一份。

第四，反過來，小豬守在食槽邊不動，大豬跑去踩踏板。這時小豬能吃到四份，實得四份；大豬跑回來，還能搶到六份，實得四份。

根據「納許均衡」，大豬小豬的最佳策略是什麼？

大豬小豬的納許均衡是：大豬踩板，小豬不動。為什麼？

如果大豬單方面改變策略，不去踩踏板，策略集合將變為「大豬不動，小豬不動」，大豬的獲益將從四減為零，牠不會傻到這麼做。如果小豬單方面改變策略去踩踏板，策略集合將變為「大豬踩板，小豬踩板」，小豬的獲益將從四減為一，牠也不會這麼做。所以，「大豬踩板，小豬不動」，各自獲益四份食物，是一個穩定的納許均衡。

這就很有意思了。「囚徒困境」中，雖然兩名囚徒各自心懷鬼胎，但是一榮俱榮、一損俱損，最後的納許均衡是「一損俱損」的彼此背叛。但是在「智豬博奕」中，居然出現了小豬明顯占優的現象，最後的納許均衡是「大豬踩板，小豬不動」下的小豬「搭便車」。

智豬博奕		大豬	
		踩踏板	不踩踏板
小豬	踩踏板	大豬：五，小豬：一	大豬：九，小豬：負一
	不踩踏板	大豬：四，小豬：四	大豬：零，小豬：零

這就是著名的「智豬博奕」。對小豬來說，其實沒什麼好博奕的：不管大豬是踩還是不踩，對小豬來說，不踩是更好的選擇，小豬明顯占有優勢。不踩，在博奕論的術語中，是小豬的「占優策略」。

這個有趣的「智豬博奕」，對商業世界有哪些啟示呢？

第一，小企業要懂得合理「搭便車」。

搭便車，聽上去和「價格歧視」一樣，讓人有些不舒服。但是在法律允許的範圍內搭便車，是小企業重要的占優策略，應該毫不猶豫。其實，不知不覺中，小企業可能已經在使用這個策略。

比如，小房地產商可以在萬達或者萬科項目的附近拿地，然後等待大地產商把生地炒熟，搭便車獲利。

比如，小製造企業可以等待大公司投入巨資，推出被驗證能贏利的新產品，然後搭便車進入市場分蛋糕。

比如，小證券公司可以等待大證券公司不斷試錯，找到金融科技的基本玩法後，「搭便車」實施最優方案，分得市場。

比如，小國家的總統可以把「跟隨型策略」作為國家策略，不斷在科技、產業、創新上搭便車，等待成為大豬，再講「大國心態」。

第二，大企業要懂得制約「小豬心態」。

如果便宜都給小企業占了，那大企業怎麼辦呢？這對社會資源的分配是否不公平，甚至會降低效率呢？會不會導致大家都不創新呢？

專利保護，就是防止「小豬心態」的制度設計。養豬的人規定，在食槽裡鎖定一塊區域，給踩到踏板的豬獨享。這樣，大豬就不用擔心自己跑去踩踏板，食物卻被小豬分光。小豬發現等待不是占優策略，也會去踩踏板。

在管理中也一樣。如果懶人存在占優策略，就會劣幣驅逐良幣，導致勤奮的人受挫，陸續離開。怎麼辦？記住一個原則：踩踏板的豬一定要比不踩踏板的豬吃得多。**激勵要給個人，不能給團隊，否則團隊中就會出現小豬。**

KEYPOINT

智豬博奕

智豬博奕是一種特殊的納許均衡，搭便車的小豬擁有「不管大豬做什麼，小豬都不需要動」的占優策略。商業世界中，除了一榮俱榮、一損俱損的囚徒困境，還有大量的智豬博奕。小企業要懂得合理搭便車，大企業要懂得制約小豬心態。

4. 三根救命毫毛，為何只給孫悟空——公地悲劇

善用公共資源能帶來長遠收益，但個體會受到「何不撈一把」的誘惑，採取自私的短期策略，導致公共資源耗盡。要想辦法破壞這個「壞的納許均衡」。

某公司發展不錯，為了獲得長期穩定收益，公司老闆決定引入預算制管理，但又擔心預算制會限制靈活性。於是在部門預算外，留了一塊「公共預算池」，各位合夥人可以為了公司發展，自由動用裡面的錢。老闆心想這些合夥人都是公司股東，不會亂花錢的，因為那樣利潤就會減少，他們的分紅也會減少。

然而，老闆發現自己錯了。公司的合夥人想盡一切辦法打這筆錢的主意。就算是平常最節儉的人，都會想出很多理由來動用這筆錢。老闆百思不得其解，為什麼會這樣？

這是因為，這個看似聰明的設計，其實一點兒都不聰明，它激發了博奕論中「壞的納許均衡」——公地悲劇。

什麼是公地悲劇？

有一片公共牧場，所有牧民都可以在這塊牧場上放牧。每個牧場的草都是有理論容量的。當牛的數量在理論容量之下時，牧場的草被吃掉後，又會很快長起來，此起彼伏，生生不息。但是如果牛的數量太多，牠們吃草時就會連草根都吃掉，導致草場退化，最後所有牛都吃不飽，有的甚至餓死。

顯然，最優的策略是：所有的牧民商量好，每家養的牛不能超過一定數量。比如，這家只准養五頭牛；另一家人多，可以養七頭牛；那家人最少，養兩頭牛吧。一開始相安無事，幾天後，就有幾個自私的牧民多放了幾頭牛。其他牧民很氣憤，指責了幾句之後，想：「我守規矩有什麼用？草地早晚要被別人糟蹋完的，不如我也分一點是一點。」於是，愈來愈多的牛出現在草地上。最後，草場退化，牛群餓死。

這就是「公地悲劇」。公地悲劇的理論模型，是一九六八年英國教授加勒特·哈丁（Garrett James Hardin）首先提出的。這個模型再一次挑戰了亞當·斯密「追求個人利益，將導致集體利益最大化」的假設，證明了納許的理論：**博奕的多方可能會達到一個穩定的均衡狀態，但是這個均衡未必是對大家都好的「柏拉圖最適」**。

回到最初的案例。公共預算池之所以會被不加節制的花完，就是因為這是一塊「公地」。每個合夥人在有部門預算和公共預算時，都會想方設法先把公共預算花完。因為就算他不花，別人也會花的，最終造成公地悲劇。

公地悲劇其實隨處可見，比如海洋漁業過度捕撈、污染偷排偷放等，都是因為海洋、天空是「公地」，「我不捕撈，他也會捕撈」的「撈一把心態」，把保護環境變成了公地悲劇。

解決公地悲劇問題，一般有兩種方法。

第一，私有化。

比如放牧問題，把牧場切割為十份，分給十個家族。牧場一旦私有化，牧民的「撈一把心態」就會消失，他們會有內在的動力，在放牧和保護牧場之間找到平衡。

比如公共預算池問題，把所有預算分到部門。當「這筆錢是我的」的時候，管理層就不會有「不花白不花」的心態了。

比如三根救命毫毛，不能給唐僧師徒四人，不然早就用完了。觀世音很聰明，都給了孫悟空，這就是公共資源私有化。

通過私有化，公地悲劇中「壞的納許均衡」就被破壞了。

第二，強管制。

思想教育是重要的，但卻未必能從根本上解決公地悲劇這個特殊的「壞的納許均衡」。如果有些公共資源沒有辦法私有化，比如海洋、空氣，可以用收費、發放許可證等制度來實現強管制。

比如還是放牧問題，可以把牧場圍起來，每頭牛收一百元的放牧費，發放養殖許可證。這實際上是對公共資源的訂價和管制。

比如還是公共預算池問題，使用公共預算池裡的預算，必須由執行長單獨特批，並單獨考核其投資收益率。

比如對海洋、天空等公共資源的保護，國家強制規定了禁捕期、網眼大小等。

反過來，能不能通過「設計」公地悲劇，反向獲得利益呢？古代的皇帝很講究「御臣之術」。皇帝會故意設計一塊「公地」，不講清楚歸誰管，讓大臣們在「公地」上打得你死我活，彼此爭鬥制衡，消耗內力，同時還對君王死心塌地。御臣之術的本質，就是故意製造公地悲劇。

KEYPOINT

公地悲劇

雖然善用公共資源可以為集體和個體帶來長遠收益，但是個體總會受到「何不撈一把」的誘惑，採取自私的短期策略，導致公共資源耗盡。公地悲劇是一個典型的「壞的納許均衡」。怎樣才能克服公地悲劇呢？第一，把公共資源私有化，破壞納許均衡；第二，對無法私有化的資源加強管制。

5. 誠信是與這個世界重複博奕的心態——重複博奕

當雙方是一錘子買賣時，很可能宰你沒商量。但如果把一次博奕變成重複博奕，總體利益就能抵抗住短期誘惑，大家就會更講誠信。

看完「囚徒困境」、「智豬博奕」和「公地悲劇」之後，也許有些人會覺得很沮喪。在巨大的利益面前，看來道德真的戰勝不了私利。損人未必利己，居然一次次血淋淋的成了穩定的「納許均衡」。

可是，商業世界真的都是如此弱肉強食、背叛成性、目光短淺嗎？

一個人去菜市場買菜，走到一個攤位，拿了幾個番茄放在秤上。老闆說：「五塊五。」買菜的人說：「這麼貴啊！」老闆笑著說：「不會賣給你貴的，我在這裡賣菜又不是一天兩天了。」買菜的人聽了這句話，心中的疑慮頓時消散。

「我在這裡賣菜又不是一天兩天了」，這句話為什麼有這麼大的魔力呢？

一個人去某海島城市旅行，來到一家小飯店，看到水缸裡有一種從未見過的魚，就好奇的問老闆：「這是什麼魚啊，多少錢一斤？」老闆以迅雷不及掩耳之勢，撈起那條魚摔死在地上，然後說：「深海石斑，三百元一斤。」這個人驚呆了，盯著地上那條剛被摔死的五千元的魚，心想如果不買單，躺在地上的恐怕就是自己了。

餐廳的老闆到底哪裡來的膽量，敢如此肆無忌憚的宰客？

要理解這些商業現象背後的邏輯，就要聊到博奕論中一個極其重要的概念：重複博奕。

對大多數人來說，同一個旅遊城市，這輩子只會去幾次，而兩次去同一家餐廳吃飯的可能性幾乎為零。在那家餐廳老闆的眼中，這就是「一錘子買賣」，專業術語叫「一次博奕」。在一次博奕中，飯店老闆的最優策略是什麼？當然是宰客了！反正顧客不會再來了。

但是家門口菜市場的小攤販呢？「我在這裡賣菜又不是一天兩天了」，這句話代表他希望與顧客的關係是「重複博奕」。這次坑了顧客，下次顧客就不會來買菜了，說不定還會讓鄰居們都不來買菜。當把重複博奕的長遠利益考慮進來，一次博奕的得失就顯得不那麼重要了。

這就是重複博奕的力量。理解了重複博奕之後，似乎找到了一條治癒「損人未必利己」這種壞的納許均衡的良藥：把一次博奕變成重複博奕。

以前我們總是批評商家不講誠信。為什麼？因為商家可以通過「消費者隔離」的手段，使每次交易都是單獨的一次博奕。有了電商之後，電商用「公開點評」的功能，把一個個一次博奕連接成無數次重複博奕，每一次交易都會影響下一次。因此，商家的態度熱情了，退貨積極了，也更有誠信了。

什麼是誠信？**誠信是一種心態，一種選擇與這個世界重複博奕的心態。**

怎麼用重複博奕的方法，獲得商業成功呢？

如果某旅遊景區的政府部門可以把向商家宣傳誠信經營的財務預算拿出來，和大眾點評網合作，或者建立類似的評價體系，把一次博奕變成重複博奕，就能自然提高商家的誠信度。嚴厲一點兒的話，每年強制取締好評度低於百分之十的商家，更換新鮮血液，刺激商家提高誠信度。

反過來說，顧客去一家明顯打算一次博奕的飯店、商鋪，該怎麼和店員討價還價呢？對餐廳，顧客的基本策略是告訴對方，自己是本地人；對商鋪，顧客的基本策略是告訴對方，自己的家就住在旁邊；對品牌，顧客的基本策略是告訴對方，自己是它們的老客戶。這都是通過把一次博奕變成重複博奕，來喚醒商家的誠信。

千萬不要跟對方說：我明天就要搬家了。這麼說，就是告訴對方：這是我們之間重複博奕的最後一次。對方的心態很可能立刻從重複博奕變成一次博奕，放棄誠信。

這就是為什麼每次盛傳世界末日的謠言時，有的地方就會出現暴動事件。文明的商業社會建立在「無限次重複博奕」的假設前提下，一旦末日論盛行，就意味著所有的重複博奕馬上變回一次博奕，有些人會立刻撕下文明的面具，社會立刻變得野蠻。

KEYPOINT

重複博奕

當博奕雙方是「一錘子買賣」的時候，雙方很可能會選擇「損人未必利己」的壞的納許均衡。但如果博奕雙方都知道，同樣的博奕會無限次重複下去，他們就會把重複博奕的總體利益作為更重要的衡量標準，克服短期「損人未必利己」的誘惑。誠信，就是把一次博奕變成重複博奕；文明的商業社會，就是把有限次重複博奕變成無限次重複博奕；而重複博奕，是治療壞的納許均衡的終極解藥。

6. 你有你的「空城計」，我有我的「木馬計」——不完全資訊博奕

在資訊不完全對稱時，你可以用「空城計」虛張聲勢，我可以用「木馬計」刺探軍情。維護和打破資訊不對稱，成為雙方的重要策略。

到目前為止討論的博奕論，都基於一個假設：資訊對博奕雙方是完全對稱的。但在現實生活中，大部分博奕的資訊是不完全對稱的。

再次回到「囚徒困境」。兩個囚徒都不坦白，各判一年；其中一個囚徒獨自坦白，立即釋放，另一個囚徒判十五年；若都坦白，各判八年。先不管怎麼決策，這些資訊至少是囚徒雙方都完全知道的。這叫「完全資訊博奕」。

但是，萬一員警給雙方的坦白條件不一樣，而囚徒彼此卻不知道呢？萬一一個囚徒的仇家給了另一個囚徒好處，他寧願自己重判，也要讓對方多判刑呢？萬一一個囚徒得了重病，想長期待在監獄裡養著呢？這些資訊會嚴重影響博奕策略。這就叫「不完全資訊博奕」。

在現實生活中，不完全資訊博奕遠遠多於完全資訊博奕。A公司通過長期耕耘，擁有了支配性的市場地位和豐厚的利潤。B公司非常眼紅，也想進入市場分一杯羹。A公司面臨一個艱難的選擇：是通過「撇脂訂價法」降低售價，使B公司覺得無利可圖，從而阻撓其進入市場呢？還是不降價，默許B公司進入市場？

阻撓，當然會帶來利潤損失，但保住了市占率；默許，雖然沒降價，但B公司進入後會分掉市占率，也會帶來利潤損失。顯然，A公司的博奕策略是：比較阻撓成本和默許成本，看哪一個成本更高。

同樣，對於B公司，要不要大舉投入、拚死進入呢？如果A公司阻撓成本更高，很可能會默許自己進入，自己就有利可圖；但如果阻撓成本不高，A公司一定會降價求生，自己就會血本無歸。所以，B公司的博奕策略也是：比較A公司的阻撓成本和默許成本，看哪一個成本更高。

「阻撓成本有多高」這個資訊，A公司很清楚，B公司卻不知道。這就是「不完全資訊博奕」。

不完全資訊博奕，就是指在不充分了解其他參與人的特徵、策略空間，以及收益函數的情況下進行的博奕。這個話題涉及太多的數學知識，比如「貝氏賽局」、

「海薩尼轉換」等。假設A公司的阻撓成本很高，在完全資訊博奕中不加阻撓，默許B公司進入市場，是對雙方最有利的納許均衡，雖然因此A公司會有所損失。

但是，在不完全資訊博奕中，A公司就有了一個特殊的博奕策略：空城計。A公司可以跟媒體說：歡迎友商加入市場。等B公司進入了，再「關門打狗」，讓它二十五年都賺不到錢。

那B公司呢？既然A公司用空城計，B公司就可以用「木馬計」，派人假裝面試A公司的高級職位，深入打探A公司的真實營運情況。如果發現A公司在虛張聲勢，就可以乘虛而入。

在不完全資訊博奕下，維護和打破資訊不對稱，成為雙方最重要的策略。理解了這一點，再看看傳統的博奕智慧《三十六計》中的瞞天過海、圍魏救趙、聲東擊西、暗度陳倉、渾水摸魚等，本質都是一樣的：通過製造資訊不對稱，獲得策略優勢。

空城計在博奕論中有一個類似的策略，叫作「鬥雞博奕」：兩隻公雞狹路相逢，哪隻雞張牙舞爪、看上去更凶，就會嚇退另一隻雞，不戰而屈人之兵。「鬥雞博奕」在大國之間的政治博奕中經常使用，通過故意製造資訊不對稱，模糊對方對博奕策略的預測性，嚇退對手，不戰而勝。

KEYPOINT

不完全資訊博奕

在不充分了解其他參與人的特徵、策略空間，以及收益函數的情況下進行的博奕。在資訊不完全對稱的情況下，你可以用「空城計」虛張聲勢，我可以用「木馬計」刺探軍情。網路最大的作用之一就是消滅資訊不對稱。

7. 讓時間最不值錢的旅客下飛機——拍賣博奕

拍賣博奕的核心邏輯，就是在不完全資訊博奕中，盡量引發博奕者們「自相殘殺」，獲得最高收益。

二〇一七年四月，旅客們陸續登上美聯航 UA3411 航班，等待起飛。這時機組人員突然宣布：因為有四位工作人員要搭乘本航班，所以需要四位旅客下飛機，這四位旅客將會獲得補償金。

每一件事情背後都有其商業邏輯。旅客因此多花了五小時逗留機場，補償金就是購買這五小時的價格。可是，每位旅客的時間成本並不一樣，讓「時間最不值錢」的旅客下飛機，並因此支付最少的補償金，就成了航空公司的目標。但是，誰的時間最不值錢呢？工作人員啟動了對付不完全資訊博奕的一個殺手鐧：拍賣。

工作人員從一百美元開始報價，有沒有旅客願意下飛機？沒有。兩百美元？三百美元？時間成本不到兩百美元的旅客，會不會等到報價三百美元才舉手呢？一般不會。因為如果貪心等到三百美元，就有被別人搶先舉手的風險。我遇到過好幾次「登機門拍賣」，大概在四百美元左右，志願者就出現了。

航空公司在不完全資訊博弈中，用拍賣的手段，讓「時間最不值錢」的旅客主動站了出來，並支付了最少的補償金。

這麼好的策略，為什麼美國聯合航空最後還是把一名旅客拖下了飛機，激起眾怒呢？那是因為美聯航空在拍賣規則裡設定了一千三百五十美元的上限，但非常不巧，那架航班上的每個人都覺得自己的時間比一千三百五十美元貴。事發後，美聯航空把拍賣上限調整為一萬美元。

在不完全資訊博弈中，拍賣是一個非常聰明且重要的策略。那麼，怎樣才能利用好拍賣策略呢？

第一，英國式拍賣。

英國式拍賣，就是從一個底價開始，通過不斷競價，激發參與者報出愈來愈接近其心理價位的價格，最後價高者得的拍賣模式。

英國式拍賣是最常見的拍賣。拍賣行的古董拍賣、慈善晚宴的善品拍賣，都是英國式拍賣。

如果擔心成交價過低，可以設定一個「保留價」，叫價最後沒超過保留價，交易作廢。

如果擔心報價不踴躍，可以設定一個「速勝價」，或者「一口價」，當某競拍者選擇不逐級加價，從底價直接報到「速勝價」，就不再競拍，直接成交。

第二，荷蘭式拍賣。

荷蘭式拍賣是一種「降價拍賣」，因荷蘭人用這種方法拍賣鬱金香而得名。鬱金香的價值隨著時間的流逝不斷遞減，賣家也因此不斷降低報價，直至達到買家的心理價位，最終成交。

在現實生活中，荷蘭式拍賣並不多見。但經常做採購招標架構的人，可以試試荷蘭式拍賣和日本式拍賣的結合體。

日本式拍賣指的是：只有上一輪出價者，才能參與下一輪出價。

比如，某公司要採購一批辦公用品，邀請十家供應商參與競標。用荷蘭式拍賣，從十萬元開始降價競拍，假如有八家同意以十萬元供貨，請另兩家退場，不再參與下一輪競標；再把招標價降為九萬元，這八家中也許就只有五家能接受了；繼續降為七萬元，有兩家接受；降為六萬元，只剩一家。最後，該公司以六萬元的價格，和這家供應商簽署採購合約。

第三，密封式拍賣。

如果競標者明明四萬元就願意供貨，在逐漸降價的荷蘭式拍賣中，最後以六萬元成交，這家公司不就虧了嗎？怎麼辦呢？試試密封式拍賣。請所有競標者把各自報價寫在密封的信封裡，分別交給這家公司。這種密封式的荷蘭式拍賣，由最低價得標，又叫「暗標」。上海的汽車牌照就是密封式的英國式拍賣，由最高價得標，又叫「暗拍」。

密封式拍賣，讓參與者完全不知道別人的出價，參與者只好直接叫出最接近自己心理價位的報價，以提高成交機會。

第四，維克里拍賣。

維克里拍賣，又稱「第二價格密封式拍賣」，出價最高者競拍成功，但是只要支付第二高的報價，而不是他自己的報價。

為什麼會有這麼奇怪的拍賣？因為密封式拍賣會讓競拍者保守的寫出略低於自己心理價位的最高價。但如果出價最高者贏得拍賣，卻只需要支付第二高價，就會激發競拍者寫出高於自己心理價位的價格。最後真正的成交價會遠高於預期。

谷歌、百度、阿里巴巴的競價排名廣告，用的都是維克里拍賣。

KEYPOINT

拍賣博奕

拍賣博奕的核心邏輯，就是在不完全資訊博奕中，盡量激發博奕者們「自相殘殺」，獲得最高收益。常用的拍賣策略包括英國式拍賣、荷蘭式拍賣、密封式拍賣、維克里拍賣等。

8. 博奕遊戲，有時也是吃人的陷阱——博奕遊戲

著名博奕遊戲「拍賣美元」的機制設計，是讓第一名贏家通吃，第二名顆粒無收，這樣必然導致前兩名非理性競價，最後玩家雙輸，莊家獲益。

先看兩個有趣的博奕論遊戲。

第一個遊戲叫作「拍賣美元」。

一個人手上有一張一美元紙幣，不是紀念幣，不是錯版幣，就是一張普通的一美元。從零底價開始，以五美分為增幅，拍賣這張一美元，出價最高者得。但是請記住：出價次高者，也需要支付他的報價。

有人可能會想，零底價拍一美元，怎麼都不會虧。他出五美分，我出十美分、二十美分、三十美分、四十美分、五十美分！

這時，有些人冷靜下來，意識到，如果超過五十美分還有人出價的話，比如出價最高者五十五美分，次高者五十美分，加在一起就已經超過一美元的價值了。

五十美分是分界線，過了這條線，莊家穩賺不賠。

那要不要終止出價呢？出五十五美分的人當然同意，但出五十美分的人可能不會答應。因為如果不繼續出價，這五十美分就會白白損失。他繼續出價六十美分，並希望出五十五美分的競價者放棄，這樣他還能淨得四十五美分。出五十五美分的人當然也不會放棄，繼續出價，兩人一直出價到了九十五美分和一美元。

這時，兩位競價者意識到，如果出價九十五美分的人繼續出價到一．〇五美元，或者更高，不管怎麼樣都虧了。但是，他出不出價呢？如果不出價，虧九十五美分，如果出價一．〇五美元，而對方放棄，則只虧五美分。他一咬牙，在一個必輸的遊戲中繼續出價。遊戲愈來愈驚心動魄，直到一個人徹底崩潰。

為什麼會這樣？**「拍賣美元」是一個著名的博奕陷阱。它的機制設計，是讓第一名贏家通吃，第二名顆粒無收，這必然導致前兩名非理性競價，最後玩家雙輸，莊家獲益。**

怎麼跳出莊家的博奕陷阱？

第一，不要參與。一旦參與，就有被套牢的可能性。

第二，在出價不到五十美分時，玩家結成同盟，用五美分拍下一美元，然後分享九十五美分的收益。

第三，如果同盟很難結成，第一個人直接出價一美元，不賺不賠，讓其他玩家失去出價的意義。

第四，進入兩家糾纏時，比如〇．九五美元和一美元，直接報價兩美元，用損失一美元的代價終止遊戲，避免糾纏升級到失控。

現實生活中有沒有這種現象？

當然有。比如網路團購網站的「千團大戰」。千團大戰變為兩家互搏後，必須不停燒錢出價，直到把另一家逼出市場，最後贏家通吃。它們不斷對外公布已獲得巨額投資，就相當於「拍賣美元」的遊戲中從〇．九五美元直接報到兩美元，希望嚇退對手。但誰也不讓步。最後兩家出價都要突破臨界點時，坐下來談判，停止出價，合併分享市場。

第二個遊戲叫作「三分之二」。

一個人找一群朋友，請每個人寫一個〇到一百之間的整數交給他。誰寫的數字最接近所有這些數的平均數的三分之二，就算贏。

這個數是多少呢？〇到一百的平均數是五十，其三分之二大約是三十三，那就寫三十三吧。但是，只要不是太笨的人，應該都能想到這一層，都會寫三十三吧？那是不是應該寫三十三的三分之二，也就是二十二呢？不過，其他人估計也會想到這兩層。要不然還是寫二十二的三分之二，也就是十五吧？

這個實驗的結果取決於參與者大腦迴路的圈數。大腦迴路圈數愈多的群體，最後獲勝的數字愈低。一九八七年，美國《金融時報》（*Financial Times*）在讀者群體中做了這個實驗，最後的平均數是十八．九，寫十三的人拔得頭籌。在耶魯大學做的實驗中，寫十的人贏了。

現實生活中有沒有這種現象？

當然有。某家電商故意在招聘網站上發布廣告，招聘無人駕駛專家。媒體看到後，大肆宣揚說這家電商要轉型了。但這家電商的對手很懂它，知道它發布的是假消息，目的在於轉移對手注意力。這家電商知道對手懂自己，所以發布的其實是真消息。而這家電商的對手知道對方了解自己，於是假裝把這當成假消息，其實嚴陣以待。到底要發布真消息還是假消息，取決於對競爭對手腦迴路圈數的判斷。

KEYPOINT

博奕遊戲

怎麼跳出莊家的博奕陷阱？第一，不要參與。一旦參與，就有被套牢的可能性。第二，在出價不到五十美分時，玩家結成同盟，用五美分拍下一美元，然後分享九十五美分的收益。第三，如果同盟很難結成，第一個人直接出價一美元，不賺不賠，讓其他玩家失去出價的意義。第四，進入兩家糾纏時，比如〇．九五美元和一美元，直接報價兩美元，用損失一美元的代價終止遊戲，避免糾纏升級到失控。

9. 吃著碗裡的，看著鍋裡的，想著田裡的——零和賽局

一方贏一元，對方就會輸一元的零和賽局，會導致你死我活的競爭。通過往博弈中加入增量，或確定存量分配規則、不容博弈，能有效解決問題。

一個人和妻子商量，為了健康，兩人要堅持每天跑步。他甚至參考「對賭基金」，設計了一個規則：每天誰偷懶了，就要輸給對方一百元。但是執行了幾個月後，這個人發現妻子的動力明顯不足。

為什麼會這樣？是因為激勵金額不夠大嗎，改為一千元呢？是因為激勵方式不對嗎，改為輸的人請對方吃飯呢？

都不是。這是因為，這個人的錢和他妻子的錢，其實都是同一個錢包裡的錢。妻子有一天突然恍然大悟：「錢包裡的錢本來全都是我的嘛！」她的動力就消失了。這場比賽，其實是一場「零和賽局」。

零和賽局是博弈論中的一大類，也是飽受爭議的一類，因為它涉及價值觀問

題。有人把零和賽局稱為「西方最邪惡的兩個理論」之一（另一個理論是「社會進化論」）。因為零和賽局背後的基本邏輯，似乎是「你死我活」。

有一些零和賽局很明顯。比如剪刀石頭布，一方贏，必然建立在另一方輸的基礎上。再比如賭博，一方贏一元，必然另一方就會輸一元。而且因為賭場有抽成，贏的錢和輸的錢加一起甚至會是負數。這叫「負和賽局」。

還有一些零和賽局就沒那麼明顯了。比如，兩個人打高爾夫球，各出一千元賭輸贏。這是零和賽局嗎？是的，因為一個人贏一千元，必然建立在對方輸一千元的基礎上。

但是，如果有人贊助了比賽呢？贏的一千元，不用輸的一方出，而是由贊助商出，這還是零和賽局嗎？這就不是了。因為不管誰贏，收益加在一起都是一千元，大於零。這就變成了「正和賽局」。也就是說，贏的錢不是從對方的碗裡拿的，而是從鍋裡拿的。

然而，如果把兩個下賭注的人和贊助商三者都當成博奕方的話，這一千元其實只是從一個人的口袋到了另一個人的口袋，有人贏錢就有人出錢，並沒有增量。從「鍋」的角度看，這還是零和賽局。

不過別急，贊助商不會白出錢。它把這場比賽的電視轉播權以五千元的價格賣給了一家本地電視台。這下，兩個下賭注的人和贊助商的總體收益就從〇元變成了五千元。這五千元中，一個人因為贏球拿了一千元，贊助商拿了四千元：三方又變成了正和賽局。

然而，如果把下賭注的兩個人、贊助商和本地電視台四方都當成博奕方的話，又變成了零和賽局。從「田」的角度看，所有「鍋」裡的飯，都是零和賽局。

不過別急，電視台會通過收廣告費的方式拉入廣告主，廣告主會通過投放廣告的方式拉入消費者，消費者又拉入僱主……如此往復，不斷擴大。零和賽局與正和賽局的交疊擴大，誇張一點說，最終甚至可以推演到整個宇宙。

零和賽局存在嗎？存在，但是它只存在於封閉系統內部。

要怎麼避免零和賽局呢？

第一，打開封閉系統。吃著碗裡的，看著鍋裡的，想著田裡的，尋求增量。有了外來的太陽能，地球上所有的生物才不是零和賽局。

第二，確定存量分配規則，不容博奕。

比如，交通資源是有限存量，如果汽車在馬路上隨便開，再寬的馬路都會水洩不通。怎麼辦？制訂存量交通資源的分配規則，如「所有車輛必須靠右行駛」，杜絕零和賽局，甚至負和賽局。

比如，逃生資源是有限存量，大家都爭搶就會產生擁堵，最後一個都逃不掉。怎麼辦？宣傳社會規範，如孩子、婦女、老人先走。為什麼？必須有個順序，杜絕零和賽局或者負和賽局，這樣才能使更多人獲救。

比如，公司創業，已經獲得的利潤是有限存量。如果賺到了錢之後再討論怎麼分，就會你爭我奪，唯恐自己吃虧，沒人有心思關心客戶。怎麼辦？先分錢，再賺錢。分錢邏輯確定後，不容博奕，大家才會去想怎麼創造增量。

KEYPOINT

零和賽局

一方贏一元，對方就會輸一元，輸贏之和為零的博奕，叫零和賽局。零和賽局會導致你死我活的內部競爭。但是，往博奕中加入增量，零和賽局就會變成正和賽局。打開封閉系統，吃著碗裡的，看著鍋裡的，想著田裡的，確定存量分配規則，不容博奕，是解決零和賽局的最佳策略。

10. 用懲罰回報惡行，用善行回報善行——以牙還牙

在沒有被欺騙之前永遠不要主動欺騙他人。如果對手選擇背叛，立刻反擊；如果對手補償，不計前嫌繼續合作。這樣的清晰規則會激發對手的合作動機。

什麼叫「以牙還牙」？

「囚徒困境」中，雖然「合作」對雙方都是最有利的，但囚徒往往會因為自私和對對方不信任，選擇彼此背叛，兩敗俱傷。這種壞的納許均衡令人沮喪：難道人的天性就不適合合作？為此，美國密西根大學教授、《合作的競化》（*The Evolution of Cooperation*）一書的作者羅伯特·艾瑟羅德（Robert Axelrod）決定做個實驗。

羅伯特寫信給不同背景的學者們，請他們把自己應對「囚徒困境」的博奕策略寫成電腦程式。羅伯特收到了十四個程式，然後他讓這些程式捉對廝殺，最後按總得分排名。

著名的「以牙還牙」終於出場了。這個策略由加拿大心理學家拉波波特

（Anatol Rapoport）教授提出，其基本邏輯是：**第一回合採取合作策略，然後每一回合都採取上一回合對手的策略**。這也就是所謂的：人不犯我，我不犯人；人若犯我，我必犯人。

聽起來很簡單。但就是這麼簡單的「以牙還牙」，居然在後來十幾萬次重複博奕的「囚徒困境」中獲得了冠軍。

為了驗證「以牙還牙」的威力，羅伯特很快又組織了第二場比賽。這次他收到了六十二個程式，其中有不少程式專門針對「以牙還牙」做了改進，包括多次合作後突然背叛的「狡猾策略」、總是選擇合作的「老好人策略」等。但最後依然是原生的「以牙還牙」獲勝。羅伯特繼續公開徵集能打敗「以牙還牙」的程式，但二十多年過去了，「以牙還牙」至今無敵。

這個實驗給了很多人啟發，也讓大家重新相信：以牙還牙，好人終有好報。

中國有句成語叫「以德報怨」。這句成語其實出自《論語》——或曰：「以德報怨，何如？」子曰：「何以報德？以直報怨，以德報德。」翻譯成白話就是，有人說：「用善行回報惡行，怎麼樣？」孔子說：「那用什麼回報善行？用適當的懲罰回報惡行，用善行回報善行。」

孔子所說的「以直報怨，以德報德」，就是美國羅伯特教授說的「以牙還牙」。

那麼，在現實生活中，應該怎麼運用「以牙還牙」的博奕策略呢？

第一，本性善良。

最初總以善意待人。在沒有被欺騙之前，永遠不要主動欺騙他人。比如，和商業夥伴簽署合作協議，要嚴格兌現承諾。

第二，以直報怨。

如果對手選擇背叛，必須立刻反擊。比如，遭到商業夥伴欺騙，對方提供劣質產品、延期交付等，要毫不猶豫的報復、懲罰，扣除違約金。

第三，以德報德。

懲罰過後，繼續善意待人。商業夥伴更換了劣質產品，賠禮道歉，並做出真誠的補償後，要不計前嫌，繼續合作。

第四，規則清晰。

本性善良，以直報怨，以德報德，這三步一定要毫不猶豫的堅決執行。這樣的博奕策略會非常清晰，很容易被對手識別，激發對手的合作動機。

KEYPOINT

以牙還牙

以牙還牙是解決「囚徒困境」的最佳策略，或許也是「與這個世界重複博奕」的最佳策略。應用「以牙還牙」策略，需要記住四點：本性善良、以直報怨、以德報德、規則清晰。

筆記時間

第三章
決策工具

如何用決策樹來選擇相親對象——**決策樹**

七十年前的高科技：人腦雲端運算——**德菲法**

把決策的藝術變成一門技術——**KT法**

如何選擇人生中最大的那枝麥穗——**麥穗理論**

決策，就是與這個世界的博奕——**基於數據的決策**

1. 如何用決策樹來選擇相親對象——決策樹

做重要的策略決策時，可以借助決策樹和機率樹等商業工具，預測未來的結果收益，尋找最優方案。

一個媽媽一直很為女兒的終身大事擔心。給女兒介紹對象時，女兒隨口一問：「多大了？」媽媽說：「二十六歲。」女兒問：「長得帥不帥？」媽媽說：「挺帥的。」女兒問：「收入高不高？」媽媽說：「不算很高，中等收入。」女兒問：「是《劉潤．5分鐘商學院》的學員嗎？」媽媽說：「是，還經常留言呢。」女兒說：「那我去見見。」

女兒這連珠炮似的問題，就體現了決策樹的基本邏輯。

當女兒問「多大了」的時候，其實就啟動了「相親決策樹」的第一個決策節點。這個決策節點有兩條分支：第一，大於三十歲？哦，是大叔，那就不見了。第二，三十歲以下？嗯，年齡可以。然後才接著問「長得帥不帥」，這又是一個決策節

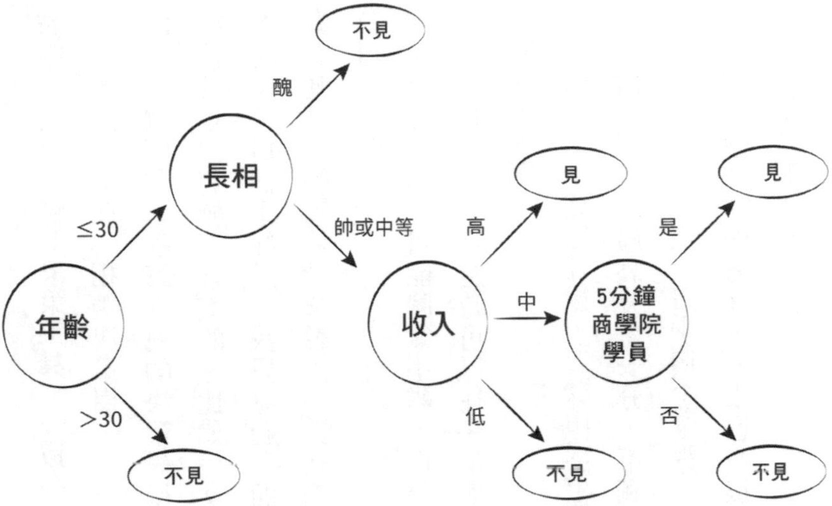

點，不帥，甚至到了醜的級別，那就別見了。如果至少中等，那就走到第三個決策節點「收入高不高」。窮？那也不能忍。最後是第四個決策節點「是《劉潤·5分鐘商學院》的學員嗎？」，是？太好了，小夥子很上進，那就見吧。

通過四個決策節點「年齡、長相、收入、上進」，排除了「老、醜、窮、還不上進的人」，選出「三十歲以下，收入中等，但是很上進的帥小夥」。這套像樹一樣層層分支、不斷遞進的決策工具，就是「決策樹」。

司馬賀（Herbert A. Simon）說：

管理就是決策。決策樹就是一種把決策節點畫成樹的輔助決策工具，一種尋找最優方案的畫圖法。

但是，這個「相親決策樹」有一個不太現實的地方，就是媽媽居然能回答女兒的每一個問題。這讓女兒的決策變得非常簡單直接。而現實情況通常是，賴以決策的依據是沒有確定答案的。比如，女兒如果問媽媽：「他的脾氣好嗎？」媽媽估計會說：「這個不好說，我只見過一面，感覺脾氣還不錯。」女兒再問：「他未來會有錢嗎？」媽媽估計會說：「這誰知道？他這麼努力，估計至少有三成機率未來應該會有錢吧。」

百分之八十可能脾氣不錯，百分之三十可能將來會有錢，女兒還去不去相親？這就很難決定了。這時可以往決策樹中引入「機率」。這種被機率化了的決策樹，又叫「機率樹」。

增加了不確定性後，怎麼用決策樹或者機率樹來決策呢？

假設滿意的最高分是十分，不滿意的最高分是負十分，現在要做一件事情：給「脾氣」和「有錢」這兩個不確定的條件所產生的四個組合，誠實的打個分。

如果他真的脾氣好，未來也會很有錢，女兒有多滿意？如果真是這樣，那是百分之百滿意啊！打十分。

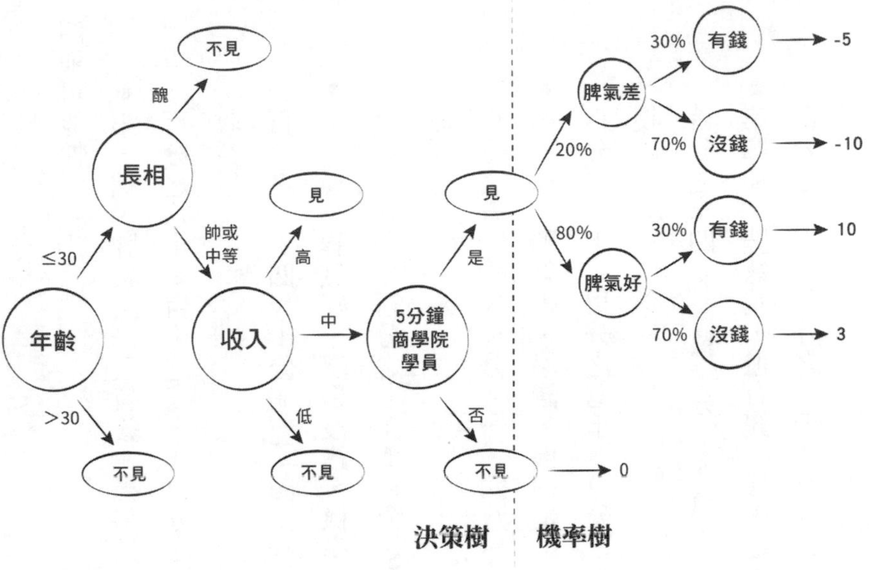

如果他的脾氣很好，但是很可惜，因為運氣、能力等問題，最後還是一生窮困，女兒有多滿意？雖然沒錢，但好歹脾氣好，這就是命吧。滿意度是三分。

如果很不幸，他的脾氣很差，而且還沒錢呢？這簡直就是渣男，負十分！

如果脾氣差，但將來很有錢呢？這是一個好問題。要不要為了錢忍一忍呢？忍一輩子太難了，還是打負五分吧。

在百分之八十好脾氣和百分之三十有錢的不確定條件下，見還是不見呢？如果決定不見，沒有得失，女兒的收益是零。但是如果見，那就有四種可能性：

●第一種，脾氣又好又有錢。機率是：

百分之八十×百分之三十＝百分之二十四

收益是：

百分之二十四×十分＝二．四（分）

●第二種，脾氣好，但是沒錢。機率是：

百分之八十×百分之七十＝百分之五十六

收益是：

百分之五十六×三分＝一．六八（分）

●第三種，脾氣差，沒錢。機率是：

百分之二十×百分之七十＝百分之十四

收益是：

百分之十四×（負十分）＝負一．四（分）

●第四種，脾氣差，但有錢。機率是：

百分之二十×百分之三十＝百分之六

對這種情況，女兒打了負五分。也就是這條機率分支，女兒的收益是：

百分之六×（負五分）＝負〇・三（分）

所以，如果選擇見，女兒的總收益是：

二・四分＋一・六八分＋（負一・四）分＋（負〇・三）分＝二・三八（分）

決定見的總體收益是二・三八分，不見的收益是零。女兒應該怎麼選擇？趕緊化個妝，出門相親吧。

KEYPOINT

決策樹

決策樹是一種把決策節點畫成樹的輔助決策工具，一種尋找最優方案的畫圖法。機率樹在決策樹的基礎上，增加了對條件發生機率的預測和對結果收益的評估，然後加權平均得到一個期望值，用這個期望值作為依據，輔助決策。

2. 七十年前的高科技：人腦雲端運算——德菲法

德菲法可以準確預測項目機率。先請專家獨立給出判斷，歸納整理後參考別人的意見重新預測，最後分析結果，把專家的獨立觀點不斷收斂。

一家出版社簽下了一本著名外版圖書的中國版權。可是，版權方對出版社有承諾銷量的要求：出版社承諾銷售十萬冊，版權方要求版稅率為百分之十五；承諾銷售二十萬冊，版稅率為百分之十二；承諾銷售四十萬冊，版稅率為百分之十。

出版社對這本書的銷售水準要有一個預測：預測十萬冊，賣了四十萬冊，因為版稅率高，出版社的收益就少了；預測四十萬冊，賣了十萬冊，因為多付了三十萬冊的版稅，出版社的收益還是少了。所以，準確預測銷售水準，對出版社來說非常重要。

怎麼預測呢？用大數據嗎？可是出版社沒有大數據。除了大數據、雲端運算、人工智慧這些厲害的方法之外，有沒有「土法煉鋼」的方法可以拿來就用呢？

出版社可以嘗試一種很土但是很有效的方法：德菲法。

德菲法是一種預測方法，二十世紀四〇年代由赫爾姆（Olaf Helmer）和達爾克（Norman Dalkey）首創，由戈爾登（T. J. Gordon）和蘭德公司（Rand Corporation）進一步發展。古希臘有一座名城叫德菲（Delphi），相傳城中的阿波羅聖殿能預測未來。德菲法因此得名。簡單來說，德菲法就是「把專家的獨立觀點不斷收斂」的預測法。

回到最初的案例，用德菲法來預測這本書的銷量。

第一，邀請專家。

從各個領域邀請二十位真正權威的專家，比如，經驗豐富的出版人，新華書店、機場書店等實體管道負責人，噹噹、亞馬遜、京東等電商管道負責人，文化產業資深人士，讀書俱樂部負責人，書評家，讀者，等等。

同時，準備一些基礎資料，比如同品類的書、同風格的書在過去幾年的全通路銷量數據、作者的背景、圖書內容等，作為專家們預測的依據。

第二，獨立預測。

不要把二十位專家召集在一起開會討論。**一些專家的意見可能會影響另一些專**

家的判斷。

請每位專家獨立認真的根據提供的數據和自己的經驗，提供三個數字：最低銷售量、最高銷售量和最可能銷售量，並給出理由。比如，最少賣二十五萬冊；這個題材，這個作者，說不定能七十萬冊；最有可能賣四十萬冊。

第三，統計回歸。

把二十位專家的意見蒐集起來，歸納整理後，匿名反饋給各位專家，然後請專家們參考別人的意見，對自己的預測重新考慮。

接著，再把二十位專家的意見蒐集起來，歸納整理後，再匿名反饋給各位專家，請專家做第三次預測、第四次預測。第四次預測時，大部分專家已經不再修改自己的意見，彼此的預測也愈來愈接近（專業術語叫「收斂」，convergent）。

第四，分析結果。

經過計算，二十位專家最終預測出結果：最低銷量平均是二十六萬冊，最高銷量平均是六十萬冊，最可能銷量平均是四十六萬冊。

然後，用「主觀機率加權平均法」，賦予最低銷量百分之二十五的機率，最高銷量百分之二十五的機率，最可能銷量百分之五十的機率。專家們預測最終的銷量是：

二十六萬冊×百分之二十五＋六十萬冊×百分之二十五＋四十六萬冊×百分之五十＝四十四．五（萬冊）

也就是說，德菲法預測的結果是：這本書能賣四十四．五萬冊。出版社可以大膽的和對方簽署承銷四十萬冊、版稅率百分之十的合約了。

千萬不要小看德菲法。二十世紀中期，美國政府發動韓戰時，蘭德公司用德菲法預測：這場戰爭必敗。政府完全沒有採納，結果一敗塗地。從此以後，德菲法得到了廣泛認可。

在機率樹中，對條件發生的機率用德菲法做預測時，需要注意什麼呢？

1、必須避免專家們面對面的集體討論，而要由專家分別獨立提出意見；

2、專家不一定是諮詢公司，也可以是第一線的管理人員，甚至是客戶。

KEYPOINT

德菲法

德菲法是一種「把專家的獨立觀點不斷收斂」的預測法。利用德菲法的四步驟，邀請專家、獨立預測、統計回歸、分析結果，可以充分利用專家的專業判斷，在一些很難定量分析預測的問題上，實現「人腦雲端運算」，獲得相對準確的預測。使用德菲法需要注意：專家可以多樣化，比如一線管理人員，甚至是客戶，但他們必須獨立給出預測。

3. 把決策的藝術變成一門技術——KT法

KT法幾乎是全世界最著名的決策工具，可以系統化、流程化的分析問題，做出決策，有效避免各種誤導和偏見。

一家IT公司的主營業務是幫用戶把原有的IT系統遷移到雲端系統上。除了上海總部，在杭州、南京、無錫還有三個實施團隊。為了提高地方團隊的主人翁意識，公司老闆請律師一起，精心設計了一個和地方團隊「利益共用，風險共擔」的合夥人制度，並滿心期待這三個團隊會團結一心，把公司當成自己家，像打了雞血[5]一樣拚命工作。

但是萬萬沒想到，杭州、南京團隊不肯在合夥人制度上簽字。老闆很惱火，想

5 打了雞血：源自一九六〇年，中國文化大革命時期，由俞昌時發明的療法，於當時頗受歡迎。做法是利用注入新鮮的雞血至人的靜脈中，據說可治好至少二十四種病症。此處引伸為努力拚命，就像注入雞血一樣充滿幹勁。

強逼大家簽字。結果，杭州負責人提出辭職。為什麼會這樣？著名的決策模型KT法，或許可以解決這個問題。

蘭德公司的凱普納（Charles H. Kepner）和崔果（Benjamin B. Tregoe）受美國宇航局委託，對一千五百位善於分析問題、做出決策的人進行調查，把他們「高明做法」中的邏輯抽取出來，變成流程化的方法。這套方法後來就以凱普納和崔果名字的首字母K和T命名，即KT法。

回到最初的案例，用KT法來解決問題。

第一，狀況分析。

什麼是問題？**問題就是應該的結果和實際的結果之間的差異。**

應該的結果：團隊積極性受到巨大激勵。

實際的結果：兩個團隊拒簽合夥人制度。

這個差異，就是目前的狀況。

第二，問題分析。

首先，可以用3W1E法（What，對象；When，何時；Where，何地；Extent，程度），對問題做「是／而不是」的精準描述。

對象：是杭州、南京的團隊負責人，而不是無錫的團隊負責人；
何時：是公布合夥人計畫之後，而不是公布合夥人計畫之前；
何地：是杭州、南京，而不是無錫；
程度：是三分之二的地方拒簽，而不是另外的三分之一。
然後，假設到底是什麼原因：
1、杭州、南京團隊負責人都是壞人；
2、公司沒有狼性文化；
3、合夥人制度有問題。
現在，用這三點假設原因，對照 3W1E 的描述，分析哪個是最可能的原因。
因為「杭州、南京團隊負責人都是壞人」嗎？這和「何時」條件不符。為什麼在公布合夥人計畫之前沒問題，公布計畫後他們突然變壞了？
因為「公司沒有狼性文化」嗎？這和「何地」條件不符，為什麼杭州、南京有問題，無錫沒問題？
因為「合夥人制度有問題」嗎？老闆請教一位諮詢專家。諮詢專家仔細看了一遍合夥人制度，大吃一驚。

1、公司從項目總金額中提留百分之十五的收入，這其實已經把公司置於安全之地，根本沒打算和員工「合夥」。

2、提留百分之十五的收入後，無錫尚有利潤，而杭州、南京的項目完全無利潤可言。杭州、南京的團隊去年有項目獎金，但在新的合夥人制度下，會顆粒無收。

3、銷售人員不在合夥人制度範圍內。為了完成任務，他們可能會簽一些垃圾項目，把項目變成「絞肉機」。

第三，決策分析。

怎麼調整？用「目標分類法」，設定調整「必須目標」（must）：同樣努力的前提下，員工收入不能減少；「希望目標」（want）：在公司利潤不減的前提下，如能把蛋糕做大，員工最多可得三倍獎金。

在此基礎上，評估三個方案：

1、取消合夥人制度，繼續沿用基於KPI（關鍵績效指標）的獎金制；

2、在合夥人制度下，取消公司百分之十五的預留，與員工同風險，共利潤；

3、設計雞尾酒式合夥人制度，即常規利潤用獎金制，超額利潤用分成制。

第一個方案，實現了必須目標，但是實現不了希望目標。第二個方案，有機會實現希望目標，但必須目標反而有風險。第三個方案，實現必須目標，員工收入不減；拚命的話，有可能實現希望目標，數錢數到手抽筋。

第四，潛在問題分析。

第三個方案沒有解決「銷售人員簽垃圾項目」的問題，這是個潛在問題。怎麼辦？做個調整，銷售人員一半獎金的基數是銷售額，另一半基數是最終利潤。

經過四步，老闆重新設計了合夥人制度，並親自去杭州、南京與負責人真誠溝通，終於說服了他們，共同做大事業。

KEYPOINT

KT法

KT法有四個主要步驟：狀況分析、問題分析、決策分析和潛在問題分析。具體到每個步驟中，還有很多細節方法，比如3W1E法、「是／而不是」法、目標分類法等。KT法是一套系統化、流程化的用於分析問題、做出決策的方法。

4. 如何選擇人生中最大的那枝麥穗——麥穗理論

最優決策只在理論上存在，要追求「滿意決策」，用百分之三十七的時間找到最佳停止點，用剩下的時間選擇第一個好於這個標準的。

兩千五百年前，三個學生問西方哲學奠基者蘇格拉底一個問題：「怎樣才能找到理想的人生伴侶？」

蘇格拉底帶著學生來到一片麥田前，說：「請你們走進麥田，一直往前不要回頭，途中摘一枝最大的麥穗，只能摘一枝。」

第一個學生走進麥田。他很快就看見一枝又大又漂亮的麥穗，於是很高興的摘下了這枝麥穗。可是，他繼續往前走，發現有很多麥穗比他摘的那枝要大得多。他很後悔下手早了，只好遺憾的走完了全程。

第二個學生吸取了教訓。每當他要摘時，總是提醒自己，後面還有更好的。不知不覺就走到了終點，卻一枝麥穗都沒摘。他也很後悔，沒有把握住機會，總覺得後面會有更好的選擇，最後錯過了全世界。

第三個學生吸取了前兩者的教訓。他把麥田分為三段，走過第一段麥田時，只觀察不下手，在心中把麥穗分為大、中、小三類；走過第二段時，還是只觀察不下手，驗證第一段的判斷是否正確；走到第三段，也就是最後三分之一時，他摘下了遇到的第一枝屬於大類中的麥穗。這可能不是最大的一枝，但他心滿意足的走完了全程。

這就是著名的「麥穗理論」（或譯「稻田理論」）。

獲得過心理學傑出貢獻獎、圖靈獎和諾貝爾經濟學獎的著名管理大師司馬賀提出了與「麥穗理論」異曲同工的「理性決策理論」。他認為：**一切決策都是折衷，只是當下可選的最佳行動方案**。為了滿意，而不是最優，決策應該遵循以下原則：

第一，訂下最佳停止點；

第二，考察現有的可選方案；

第三，如果有可選方案滿足最佳停止點，就不再尋找更優方案。

怎麼確定「最佳停止點」呢？

蘇格拉底的第三個學生，其實就提供了一個確定「最佳停止點」的方法：

第一個三分之一，觀察，並把大類麥穗作為「最佳停止點」；

第二個三分之一，驗證這個標準；

第三個三分之一，採用司馬賀的「理性決策理論」，摘下大類麥穗中的第一枝，不再尋找更優方案。

關於如何確定「最佳停止點」，《決斷的演算》（*Algorithms to Live By: The Computer Science of Human Decisions*）的作者布萊恩·克里斯汀（Brian Christian）和湯姆·葛瑞菲斯（Tom Griffiths）提供了另一個方法：把時間分兩段，第一段用百分之三十七的時間來確定「最佳停止點」，第二段用百分之六十三的時間來選擇滿足「最佳停止點」的第一個方案。

比如，一個女孩打算在十九至四十歲之間，也就是用二十一年時間尋找理想的人生伴侶。如果她相信「百分之三十七理論」，就可以用這二十一年的百分之三十七，也就是七·七七年來交往不同的男士。到二六·七七（十九＋七·七七）歲時，確定「最佳停止點」。然後，嫁給從那一天開始她遇到的第一個好於這個標準的男士，並不再尋找更優方案。

再比如，一個人想在一個月之內買房子，那他可以先用百分之三十七的時間，也就是十一天看房，確定「最佳停止點」，然後從第十二天開始，遇見第一個好於這個標準的房子，就毫不猶豫的下手。

KEYPOINT

麥穗理論

麥穗理論，就是用三分之一的時間觀察，用三分之一的時間驗證這個觀察，得出「最佳停止點」，然後在最後一個三分之一的時間裡，用「理性決策理論」，選擇第一個好於這個標準的，並不再尋找更優方案。無論是選擇愛情、事業、婚姻還是朋友，最優決策只可能在理論上存在。不要追求最優決策，而要追求滿意決策。

5. 決策，就是與這個世界的博奕——基於數據的決策

決策是與這個世界的博奕。如果能知道這個世界的底牌，也就能得到更多數據，分析數據傳達的資訊，決策的精準度就會大大提升。

「德菲法」、「麥穗理論」講的都是資訊匱乏時的決策。比如，不知道麥田裡最大的麥穗在哪兒，只好把麥田分為三段，前三分之一觀察，中三分之一驗證，後三分之一選擇。但如果知道最大的麥穗在哪兒，決策方法可能會完全不一樣。

決策，就是與這個世界的博奕。如果知道這個世界的底牌，就更有可能贏得比賽。**這個世界的底牌，就是資訊。更準確的說，是資訊的載體——數據。**

比如，一個人準備在避暑勝地麗江開發旅遊項目。他面臨一個重要決策：客源是定位於本地，還是外市、外省？

本地和外省顧客需求大不相同，比如要不要住宿、要不要民俗表演。一旦大舉投資，而主流顧客不喜歡，所有投入都會打水漂。

怎麼辦？來看看這個世界的底牌。

這個人請專業諮詢公司做了一個調查。調查數據表明，麗江的客源百分之五十四來自廣東。為什麼是廣東呢？不管為什麼，這就是這個世界的底牌。這個人決定針對廣東人的喜好設計麗江的避暑產品。

這就是「基於數據的決策」。基於數據決策，要掌握或者至少了解三種方法。

第一，對顯性數據的統計。

比如，《劉潤・5分鐘商學院》的用戶主要在哪些城市？這會決定線下課程在哪兒舉辦。用戶集中在幾點收聽課程？這會決定發布音頻、回覆留言的關鍵時間。

關於自身營運顯性數據，可以建立IT系統；關於行業趨勢顯性數據，可以購買統計報告。

第二，對隱性數據的調查。

對於一些隱性數據，比如，用戶希望交通工具有什麼創新？這是用戶內心的偏好。要掌握它們，可以用調查的方法。

調查，不是找一百個人問：你希望馬車怎麼改進？如果這麼問，對方會說：我需要一匹更快的馬。他們是想不出汽車的。

用戶不知道自己可以要什麼，這是調查的難度所在。怎麼辦？可以試試「焦點小組」。

微軟在產品發布前，常會邀請典型用戶，比如辦公室人員、家庭婦女，到裝有單向玻璃的觀察室，請他們獨立完成一項任務，比如網上購物，並用攝影機記錄他們的所有行為。工程師站在玻璃的另一邊觀察他們的真實反應，然後研究所有細節，有針對性的調整產品。

這就是焦點小組。焦點在於對方怎麼做，而不是怎麼說。

第三，對所有數據的分析。

過去與這個世界博弈，看不到對方的底牌。到了網路時代，這個世界突然把底牌一攤，毫無保留。但攤開十萬張牌，可能只有十四張有用。我們與這個世界的博弈，從資訊匱乏時代，走向了資訊氾濫時代。

要從資訊匱乏時代的「增加數據」，變為資訊氾濫時代的「減少數據」，就要利用大數據幫助決策。

「網路金融」這一節講到，為什麼有的人幾乎不開車，卻要和天天開車的人交一樣的保險費用？這是因為沒有個體數據，所以開車少的人必須為開車多的人承擔保費。但現在有些汽車企業在汽車出廠時安裝了數據設備，監測車輛開了多少公里、會不會打著左轉燈卻向右轉、會不會踩著煞車轉彎等，然後為每個人的保險單獨訂價。這就是利用精準到個體的大數據，幫助決策。

龐大的數據能不能共用呢？可以試著和擁有數據的機構合作。飯店為什麼要收押金？因為不知道誰誠信誰不誠信，擔心顧客住完不給錢就走。阿里巴巴用它的大數據做了「芝麻信用」，把數據變成信用產品。芝麻信用在七百五十分以上的顧客，入住飯店就不用交押金了。這樣，飯店的顧客入住體驗也會大大提升。

KEYPOINT

基於數據的決策

決策就是與這個世界的博奕。如果知道這個世界的底牌，也就是數據，決策質量將大大提高。在資訊匱乏時代，可以用統計的方式獲得顯性數據，用調查的方式獲得隱性數據；在資訊氾濫時代，可以用分析的方式，從大數據中獲得決策支持。

筆記時間

第四章

管理工具

KPI是計時器，OKR是指南針——**OKR**

有OKR這把刀，更要有SMART這套刀法——**SMART原則**

交代的事辦完了，就不能回個話嗎——**PDCA循環**

把所有經驗教訓都變成組織能力——**復盤**

MBTI是算命、娛樂，還是性格測試——**MBTI**

1. KPI是計時器，OKR是指南針——OKR

如果說KPI是計時器，OKR就是指南針。它會讓一個無法用數字考核的團隊通過層層分解的目標、關鍵任務，向同一個方向前行。

OKR，是「Objective and Key Results」（目標與關鍵成果法）的縮寫。簡單來說，就是整個公司、團隊和個人，都要設立目標（Objective）和衡量這些目標完成與否的關鍵結果（Key results）。

舉個例子，某橄欖球隊的總經理應該如何設定OKR呢？可以把目標設為：為球隊老闆賺錢。那關鍵結果呢？可以設為：第一，贏得超級盃冠軍；第二，比賽上座率達到百分之八十八。

主教練和公關總監又該如何設定OKR呢？

主教練的目標，可以是總經理的第一個關鍵結果：贏得超級盃冠軍。而他的關鍵結果則是：每場傳球碼數超過兩百碼；防守技術提高到第三名；棄踢回攻碼數達到二十五碼。

公關總監的目標，可以是總經理的第二個關鍵結果：比賽上座率達到百分之八十八。而他的關鍵結果則是：僱兩個特色球員；加強媒體宣傳；突出明星球員。

那麼，OKR怎麼解決工程師的績效考核問題呢？OKR不解決績效考核問題。谷歌的績效考核方式是三百六十度環評。簡單來說，就是被考核人周圍的同事，包括直屬經理都會給其打分，最後加權算出一個得分。這個分數，決定了被考核人的晉升、獎金、股票。

這是不是太主觀了呢？確實是。其實谷歌、微軟，以及發明OKR的英特爾都是這樣。對於「怎麼解決工程師的績效考核問題」，整個科技界都沒有好辦法。唯一的辦法，就是通過多方均衡，讓主觀打分盡量接近客觀。

怎麼做？通過多人打分，讓直屬經理一個人的主觀接近多人評價的客觀；通過更高級別組織對得分的再平衡，讓小團隊的主觀接近多團隊均衡的客觀。

三百六十度環評的績效管理和OKR的目標管理，是前行的兩條腿，缺誰都會寸步難行。KPI是計時器，OKR是指南針。指南針最重要的作用，是讓一個無法用數字考核的團隊，比如谷歌的工程師團隊，通過層層分解的目標、關鍵任務，向同一個方向前行。

具體應該怎麼用OKR這根指南針呢？

第一，目標要有野心，關鍵結果要可衡量。既然不考核，設立目標時，應鼓勵大家挑戰極限。

第二，最多五個目標，每個目標最多四個關鍵結果，這樣才能聚焦。

第三，目標從公司，到團隊，到個人，層層分解。從上到下的OKR，總體上是包含關係。下級也可自定義OKR，但要與大方向一致。

第四，所有OKR公開透明。大家要知道彼此在幹什麼，確保方向一致。這樣也會給目標過低、結果過差的員工施以壓力。

KEYPOINT

OKR

OKR不是績效考核工具，是目標管理工具。如果說KPI是計時器，那OKR就是指南針。OKR最重要的作用，是讓一個無法用數字考核的團隊，通過層層分解的目標、關鍵任務，向同一個方向前行。實施OKR有四個關鍵：第一，目標要有野心，關鍵結果要可衡量；第二，最多五個目標，每個目標最多四個關鍵結果；第三，目標從公司，到團隊，到個人，層層分解；第四，所有OKR公開透明。

2. 有OKR這把刀，更要有SMART這套刀法——SMART原則

SMART原則的最大作用，是把所有人的目標真正統一起來，讓它能夠具體、可衡量、可實現、有時間控制，避免無謂的內部資源消耗。

某公司老闆決定在銷售部門沿用基於銷售業績的績效考核，但在研發部門全面推行「OKR的目標管理之刀＋三百六十度環評的績效考核之劍」，刀劍合璧。很快，老闆收到研發總監的OKR：

O（目標）：打造業內最好的產品。

KR1（關鍵結果一）：持續提高產品質量。

KR2（關鍵結果二）：不斷創新，增加新功能。

KR3（關鍵結果三）：聽取最終用戶意見，提升滿意度。

季度考核時，老闆對研發部門的OKR結果不滿意，滿分一分，老闆只打了○．三分，但研發總監給自己打了○．九分。

老闆非常驚訝。進一步調查，發現員工的自評和他評的分歧非常大。為什麼會這樣？因為OKR是一個花架子？或者這麼高級的東西，不適合這個公司？

都不是。這是因為老闆心中的「目標」和研發總監心中的「目標」，不是同一個目標。OKR是把好刀，但還要學習一套叫作「SMART原則」的刀法，真正統一目標，才能駕馭OKR。

SMART原則，源自美國馬利蘭大學管理學及心理學教授洛克（Edwin A. Locke）。SMART的五個字母，代表Specific（具體的）、Measurable（可衡量的）、Attainable（可實現的）、Relevant（相關的）和Time based（有時間限制的）。**SMART原則最大的作用，是把「一千個人心中的一千個哈姆雷特」變成同一個。**

下面就來拆解一下SMART原則刀法的五個招式。

第一招：Specific（具體的）。

具體的，就是一刀砍掉模棱兩可。

比如「KR1：持續提高產品質量」，什麼叫「產品質量」？沒有具體的界定，就無法評判、衡量與執行。可以把它修改為：消滅致命的產品缺陷的數量；降低嚴重的產品缺陷的數量；提高應用商店中應用程式的評分。

這樣就非常具體了。

第二招：Measurable（可衡量的）。

可衡量的，就是一刀砍掉標準爭議。降低多少嚴重的產品缺陷的數量，算是降低？評分提高多少，算是提高？

進一步修改KR1為：致命的產品缺陷的數量保持為零；嚴重的產品缺陷的數量減少百分之五十；應用商店中應用程式的評分從四・一分提升到五分。

這樣就避免了老闆和研發總監對評分的分歧。

第三招：Attainable（可實現的）。

可實現的，就是一刀砍掉不切實際。應用商店中應用程式的評分從四・一分提升到五分，這可能嗎？應用商店排名前一百的應用程式，幾乎沒有達到滿分五分的。這是一個不可實現的目標。

因此還要接著修改：致命的產品缺陷的數量保持為零；嚴重的產品缺陷的數量減少百分之五十；應用商店中應用程式的評分從四・一分提升到四・五分。

設定一個跳一跳能搆得著的目標，團隊才會有鬥志。

第四招：Relevant（相關的）。

相關的，就是一刀砍掉無關目標。應用商店中應用程式的評分從四．一分提升到四．五分，真的和產品質量有關嗎？分數提升，會不會是新功能導致的呢？或者是因為用戶喜歡新介面？應用評分和產品質量有相關性，但還不夠強。

可以進一步調整為：致命的產品缺陷的數量保持為零；嚴重的產品缺陷的數量減少百分之五十；應用商店中應用程式的差評裡，有關產品缺陷的比率減少百分之五十。

這樣質量問題就不會被設計問題所掩蓋。

第五招：Time based（有時間限制的）。

有時間限制的，就是一刀砍掉無限拖延。產品缺陷的數量減少百分之五十，很好；差評中有關產品缺陷的比率減少百分之五十，也很好。但是，多長時間實現呢？一年之後實現，還有意義嗎？如果沒有時間限制，這個目標設置就沒有意義。

接著修改這條：致命的產品缺陷的數量保持為零；嚴重的產品缺陷的數量在三個月內減少百分之五十；應用商店中應用程式的差評，關於產品缺陷的比率，在三個月內減少百分之五十。

至此，我們終於手持OKR這把寶刀，揮舞SMART原則這套刀法，把「持續提高產品質量」這個「千面哈姆雷特」變成一個目標一致的關鍵結果。老闆和研發總監也就不會再為對評分的分歧而消耗內部資源了。

KEYPOINT

SMART原則

大部分目標管理工具，都只是形狀不同的刀。要用好任何一把刀，都必須學會「SMART原則」的五招刀法：用Specific的具體之刀，砍掉模棱兩可；用Measurable的可衡量之刀，砍掉標準爭議；用Attainable的可實現之刀，砍掉不切實際；用Relevant的相關之刀，砍掉無關目標；用Time based的時間限制之刀，砍掉無限拖延。

3. 交代的事辦完了，就不能回個話嗎——PDCA循環

高質量，不是來自結果的產品檢驗，而是基於過程的不斷改善。可以用PDCA循環流程工具持續改進，保證問題一旦出現，一定會被解決。

某家嬰兒車公司的執行長接到了一個嚴重的產品質量問題投訴，句句在理，針針見血。執行長非常重視，緊急召開高階主管會議，研究對策。討論幾小時後，各部門都有不少改進的提議，執行長也提出很多要求。最後執行長說：「不看廣告看療效，大家要立刻行動起來。散會。」

執行長對大家的態度都很滿意。直到有一天，他問負責產品的副總裁：「上次開會時，我讓你派人去德國考察一下他們的質量管理體系，你們去了嗎？感覺怎麼樣？」副總裁說：「啊？我正在忙質量改進的事，還沒空想這件事，真要去考察啊？」

這麼重要的事情，副總裁居然沒放在心上。為什麼會這樣？是因為副總裁笨嗎？是因為他缺乏執行力嗎？

都不是。因為這家公司缺少一種叫作「PDCA循環」的管理文化。

PDCA循環，又稱「戴明循環」。PDCA這四個字母，分別代表：Plan（計劃）、Do（行動）、Check（檢查）、Adjust（糾正）。戴明（William Edwards Deming）是美國的質量管理大師，卻成名於日本。在他的幫助下，豐田汽車公司獲得了巨大的成功。豐田喜一郎說：戴明是我們管理的核心。日本甚至為戴明設立了質量管理領域的全國性最高獎——戴明獎。一九八〇年，美國國家廣播電台播出了關於戴明的紀錄片《如果日本可以，為什麼我們不能？》（*If Japan Can, Why Can't We?*），戴明終於在美國本土一舉成名。

戴明認為，**高質量，不是來自基於結果的產品檢驗，而是來自基於過程的不斷改善**。後來，這個理念不但被用於質量管理，更被廣泛的用於企業管理領域。

回到最初的案例。執行長的問題不是沒有計畫，不是沒有行動，而是沒有檢查，更沒有處理。如果用PDCA循環，應該這麼做：

第一，Plan（計劃）。

執行長的緊急會議，其實就是一次計畫會議。嚴格來說，一個戴明循環式的計畫會議，有四個步驟：

1、根據現狀找出問題；

2、根據問題找出原因；

3、確定主要原因；

4、針對主要原因，提出計畫。

大部分人很熟悉這幾個步驟。但是，一個PDCA循環式的計畫，一定要有「Who do What by When」，也就是「誰在什麼時間完成什麼事」，責任明確到個人，而不是口頭布置，責任模糊。

建議嘗試使用一些基於小組的任務管理工具，比如Teambition（團隊協作工具）、釘釘、Outlook等，把每一條Who do What by When拆解，並發布到個人的任務欄裡。

第二，Do（行動）。

行動是最占用時間的部分，也是最重要的部分。有了計畫，以及基於計畫分解的、分配到每個人任務欄裡的、有時間限制的具體任務，執行就變得責任明確、優先級清晰。

第三，Check（檢查）。

每一件交代出去的任務，就像一個扔出去的迴旋鏢，最終必須回到手上。這是PDCA循環的關鍵。

有的人，你交代一個任務給他，他答應得好好的，但是從此就杳無音信了。你實在忍不住去問進展如何，他說：「我早就完成了啊。」

交代的事辦完了，就不能回個話嗎？「回個話」，就是收回那隻迴旋鏢。同樣，可以借助上文提到的工具，自動提醒任務發出者、接收者雙方，確保每件事情都要接受檢查。最終只有「完成」和「放棄」這兩種可能，不存在「然後……就沒有然後了」這種狀態。

第四，Adjust（糾正）。

糾正，是為了總結成功經驗，制訂相應標準，或者把未解決、新出現的問題轉入下一個PDCA循環。

總結成功經驗，是「糾正」這個環節極其重要的工作。把未解決或新出現的問題轉入下一個PDCA循環，也很重要。這將保證問題一旦出現，最終一定會被解決。除非大家決定主動放棄，否則不可能出現提出問題後，這個問題再也沒人關心，不了了之的情況。

KEYPOINT

PDCA循環

戴明認為，質量管理是企業管理的關鍵，是持續改進；持續改進的關鍵，是Plan（計劃）、Do（行動）、Check（檢查）、Adjust（糾正）這四個流程組成的循環。一旦發現問題，就啟動一個PDCA的循環，直到問題最終解決。

4. 把所有經驗教訓都變成組織能力——復盤

從本質上，人類只能通過「試錯法」進行學習。復盤，就是從曾經試過的錯中學習，把經驗和教訓變成組織能力。

某公司為了爭取一個大客戶，專門成立了專案組，分工協作，努力半年，經歷各種挫折和辛苦，當然也有各種鼓勵和改進，終於得到了客戶的認可：「恭喜，貴公司得標了。」

這時候公司負責人應該幹什麼？做兩件事：第一，帶著團隊去狂歡；第二，帶領大家走進會議室，認真的進行一次復盤。

哈佛大學的大衛．葛文（David A. Garvin）教授認為：學習型組織的診斷標準之一，就是「不犯曾經犯過的錯誤」。從即將結束的項目中總結成功經驗，吸取失敗教訓，這就是復盤。

聯想公司根據實際經驗，把復盤歸納為四個步驟：回顧目標、評估結果、分析原因和總結規律。

回到最初的案例。按照聯想的復盤流程，可以有如下做法。

第一，回顧目標。

回顧目標，就是要準確、客觀的回答兩個問題：我們的目標是什麼？我們的里程碑有哪些？

「我們的目標是不顧一切拿下這個項目。」這準確、客觀嗎？

這個目標很含糊，什麼叫「不顧一切」？準確、客觀的描述是：「我們要在百分之十毛利率的底線內，拿下這個項目。」

那里程碑呢？「我們的里程碑，是三月底拿下項目，六月分測試上線，九月分收回全款。」

第二，評估結果。

這一步很關鍵。**通過準確、客觀的描述結果，可以找到相對於目標的「好的差異」和「壞的差異」**。

比如，結果是：「我們在二月底拿下了項目，但測算的毛利率只有百分之五。」

因此，好的差異是：我們推動客戶提前做出決定；壞的差異是：毛利率低於預期。

評估結果、描述差異時需要注意，不要忍不住分析原因，甚至提出解決方案，更不要忍不住指責、抱怨和撇清責任。

第三，分析原因。

評估完結果，就要分析原因：是什麼導致了好的差異和壞的差異？

大家討論後認為，推動客戶提前做出決定，讓競爭對手措手不及的原因是：

1、第一次使用了「作戰指揮室」的管理方式，團隊合作的效果和效率都大大提升，使項目方案極具說服力；

2、銷售嚴格執行「銷售漏斗」流程，發現客戶對上線日期的擔憂，從而說服客戶提前招標。

但是，毛利率為什麼低於預期呢？經過對事不對人的冷靜分析後，大家發現原因是：

1、項目方案內容變化太快，導致成本估算表更新速度跟不上；

2、最終一輪談判時，在談判技巧上，表現嚴重不足。

分析原因時要注意：成功主要看客觀原因，失敗主要看主觀原因。

第四，總結規律。

公司負責人很高興大家能客觀的面對成敗，獲得的不僅是勝利，更是成長。但是，復盤還沒結束。還有最後一步，也是最重要的一步：總結規律。這一步，是把「隱性知識顯性化」的關鍵一步。

根據對成敗原因的分析，總結出四條規律：

1、作戰指揮室，是在重大項目中建立快速反應團隊的好方法；

2、銷售漏斗培訓，對提高銷售能力值、提高項目成功率很有幫助；

3、項目方案快速調整時，成本預算表是容易滯後的模塊；

4、談判能力，在大項目的最後環節，作用明顯。

基於這四點，要開始做什麼、停止做什麼、繼續做什麼呢？

開始做兩件事：第一，行政部把一個會議室改成專門的作戰指揮室；第二，銷售部修改工作手冊，超過三百萬元的項目談判，配備談判專家。

停止做一件事：項目內容大量變更時，方案中心不能獨自作戰，要申請財務部專員配合。

繼續做一件事：每個新入職的銷售人員，都要參加銷售漏斗培訓。

最後，把復盤總結發給所有人；把總結的規律，寫進工作手冊；把要開始做、停止做的每件事，都啟動單獨的PDCA循環。

組織學習大師彼得．聖吉（Peter M. Senge）曾講過：從本質上看，人類只能通過「試錯法」進行學習。復盤，就是從曾經試過的錯中學習，把經驗和教訓變成組織能力。

KEYPOINT

復盤

復盤，就是從即將結束的項目中，總結成功經驗，吸取失敗教訓。復盤具體有四步：回顧目標、評估結果、分析原因、總結規律。另外，小事可以及時復盤，大事需要階段性復盤，項目結束後必須全面復盤。

5. MBTI是算命、娛樂，還是性格測試——MBTI

MBTI性格測試工具被廣泛運用於了解自己、知人善用上。用適合的方式，跟適合的人溝通，做自己適合的事，從而事半功倍。

一個人要去夏威夷旅行，這是一個非常難得的假期，應該怎麼安排行程呢？有兩個選擇。

第一，制訂一個詳細的日程表，每天上午去哪裡、中午在哪裡吃飯、下午去哪裡。仔細審視，保證不漏掉任何一個重要的景點，然後再出發。

第二，不制訂任何日程表，隨性遊玩，遇到喜歡的地方就多待一會兒，甚至住下來，遇到不喜歡的地方立刻就走。

應該怎麼選？他問了問身邊的五位朋友，每個人的選擇都不盡相同。

人與人之間，就是這麼不同。這種內心深層的差異、傾向或者說偏好，就叫「性格」。**性格比習慣更深層，更頑固。**研究性格差異，是一件很有趣的事情。但是，心理學還是一門發展中的學科。性格分類，並不是基於公理縝密「演繹」出來的定理，而是基於生活統計「歸納」出來的猜想。

從一九二〇年開始，無數研究者，包括著名的心理學家榮格（Carl Gustav Jung）在內，就開始「猜想」性格到底是什麼，有沒有確定的分類。這些猜想，有些幾乎等於算命，比如星座；有些只是飯後娛樂，比如血型；但確實也出現了一些基於統計學的相對靠譜的猜想，比如DISC（個性測驗）、九型人格和MBTI（性格測試工具）等。

MBTI中的M，指的是美國心理學家Myers（邁爾斯），B指的是她母親Briggs（布里格斯），TI就是Type Indicator（類型指標）。這對母女在二十世紀四〇年代，根據榮格的理論提出，人的性格有四個基本維度。

第一，心理能量。外向型代號E，從人際交往中獲得能量；內向型代號I，從安靜獨處中獲得能量。

第二，資訊獲取。實感型代號S，用五感理解真實的世界；直覺型代號N，用第六感理解抽象的世界。

第三，決策方式。思考型代號T，用邏輯客觀的方式決策；情感型代號F，用情感和價值觀來決策。

第四，生活態度。判斷型代號J，結構化、組織化，喜歡控制；知覺型代號P，彈性化、自發化，開放探索。

四個維度，每個維度二種傾向，構成了十六種性格類別，比如ESTJ。

回到最初的案例，為什麼有人一定要做好計畫才出行？因為在生活態度維度上，他是「J—判斷型」的人，結構化、組織化，喜歡控制；而另一些人走到哪裡玩到哪裡，隨心所欲，因為他們是「P—知覺型」的人，彈性化、自發化，開放探索。

那麼，MBTI對管理有什麼作用呢？

第一，了解自我。

華頓商學院的人很多都是ISTJ或者ISFJ。SJ型（用五感理解真實的世界+結構化、組織化，喜歡控制）的人，適合做金融和會計。而史丹佛大學無論是碩士、博士，還是MBA（工商管理碩士），很多人都是N型（用第六感理解抽象的世界），很少S型（用五感理解真實的世界）。

了解自我，做最自然而然的事情，在前進的道路上，更容易事半功倍。

第二，知人善用。

IBM（International Business Machines）在早期開拓印度市場時，沒有員工願意前往。後來，針對不同MBTI性格的員工，公司採取不同的動員策略。比如對IF、ES型（內向情感、外向實感）的員工，就渲染印度璀璨的文明和自由發揮空間；對ET、IN型（外向思考、內向直覺）的員工，就強調升職加薪和能力提升。最終，IBM完成了這項任務。

知人善用，是用適合的方式，跟適合的人溝通，做適合的事，從而事半功倍。

KEYPOINT

MBTI

MBTI是邁爾斯和她的母親布里格斯創立的一套性格分類工具。它把人的性格分為：外向E—內向I、實感S—直覺N、思考T—情感F、判斷J—知覺P這四個維度，以及由此衍生出來的十六類性格。在管理上，MBTI被非常廣泛的用於了解自我，知人善用。MBTI不是演繹，是歸納，可以把MBTI作為參考，但不要迷信。

筆記時間

第 2 篇

PART
TWO

第五章

思考工具

用數量帶動質量，用點子激發點子——**腦力激盪**

用它記筆記，還是把它當作思考工具——**心智圖**

集齊七個問題，讓思維更縝密——**5W2H法**

為什麼？為什麼？為什麼？為什麼？為什麼？——**5WHY法**

太極生兩儀，兩儀生四象——**四象限法**

1. 用數量帶動質量，用點子激發點子——腦力激盪

腦力激盪不是一群人七嘴八舌隨便議論，而是用一套嚴謹的流程，用數量帶動質量，用點子激發點子，產生一個人獨自苦思無法產生的創新。

美國北方特別寒冷，大雪紛飛，電線桿上的積雪愈來愈多，導致電線被壓斷，嚴重影響通信。當地電信公司的老闆一籌莫展，該怎麼辦呢？用竹竿打雪？太危險了。把電線埋入地下？遠水解不了近火。怎麼辦？這時，可以試試叫作「腦力激盪」的工具。

腦力激盪，是由美國創造學家奧斯朋（Alex F. Osborn）發明的一種激發創造性思維的工具。使用腦力激盪有四大原則：自由思考、延遲評判、以量求質、結合改善。

電信公司老闆把同事召集到一起，大家七嘴八舌的議論開來：設計一個電線清雪機？

試試用電熱的方式來化雪？

試試震盪技術呢？

帶著掃把，坐著直升機去掃雪呢？

突然有人說：「對啊，直升機！直升機沿著積雪嚴重的電線飛，巨大的螺旋槳高速旋轉，搧落積雪應該沒問題吧？」這個想法一下子激發了大家的思路，很快又產生了七、八個用直升機除雪的辦法。

最後經過驗證，直升機搧雪真是一個腦洞大開，但有奇效的好方法。電線積雪的問題順利解決了。

這就是腦力激盪。它的基本理念是：要獲得很好的點子，首先要獲得很多的點子；要獲得很多的點子，就要靠點子來激發點子。這種個體頭腦之間暴風式的化學反應，帶來了「一＋一遠遠大於二」的可能性。

美國國防部制訂長遠科技規畫時，邀請了五十位專家，對規畫進行兩週的腦力激盪。新報告誕生，原規畫檔中只有百分之二十五至百分之三十的內容被保留。

松下電器公司是腦力激盪的忠實擁護者。僅在一九七九年，就獲得一百七十萬條設想，平均每個員工三條。

日本著名創造工程學家志村文彥，用腦力激盪幫助日本電氣公司獲得了五十八項專利，極大的降低了成本。

為什麼腦力激盪有這樣的威力？**連接是基礎，激發是核心**。個體大腦是知識的子集，子集坐在一起，並不會自動拼成全集。只有遵守腦力激盪的嚴謹流程，才能把子集連接成全集，然後通過引發聯想、熱情感染、喚起競爭、張揚欲望的氛圍，激發新的創意。

那麼，應該怎麼使用「用數量帶動質量，用點子激發點子」的腦力激盪，提高群體思考質量呢？

第一，自由思考。

權力和威望會影響自由思考。一旦一些人的觀點被認為比另一些人的觀點更有價值，有些大腦就會被關閉。

怎麼辦？圓桌討論，不要列印頭銜，不要按主次排座位，不要自謙的說「我提一個不成熟的看法」、「我有一個不一定行得通的想法」。

第二，延遲評判。

禁止批評，甚至禁止評論別人的想法。不要說「這想法太離譜了」、「這想法太陳舊了」、「這是不可能的」、「這不符合某某定律」。

批評和評論，是扼殺更多想法的劊子手。

第三，以量求質。

剛開始的想法就像剛打開熱水龍頭後的第一段冷水。前三十個想法常常很容易，真正的創造力通常出現在第五十個想法之後。所以，整場腦力激盪要爭取產生至少一百個新想法。在這裡，數量比質量更重要。

一家公司就新產品名稱進行腦力激盪。經過兩小時「不自謙、不批評」的激烈討論，大家提出了三百多個新名字。三天後，默寫還記得住的名字，大家只寫出來二十多個。然後，從這二十多個名字中挑出三個，再讓用戶從三個中挑出一個。

第四，結合改善。

回到最初的案例，從帶著掃把坐直升機掃雪，到用直升機螺旋槳搧雪，就是「結合改善」。這也是腦力激盪真正的魅力所在，是一個人獨自冥思苦想產生不了的價值。

怎麼做？討論盡量要在小範圍（十至二十人左右）內進行；任何時候，一次只能一個人發言；不可以交頭接耳開小會；把前面的想法都貼在白板上，激發更多新想法。

KEYPOINT

腦力激盪

個體大腦是知識的子集。子集坐在一起，並不會自動拼成全集。腦力激盪，就是用嚴謹的流程，「自由思考、延遲評判、以量求質、結合改善」，把所有智慧的子集連接起來，激發新的想法，產生一個人獨自冥思苦想無法產生的創新。

2. 用它記筆記，還是把它當作思考工具──心智圖

很多人都用心智圖記筆記，但它更大的作用是幫助思考。把目標寫在正中間，然後逐級發散、關聯、調整，充分發揮創造力。

我有一個公益理念：一個人捐贈一百萬元，不如一百萬人每人捐贈一元；讓一些人被幫助很重要，讓更多人願意幫助別人更重要。為此，我和上海宋慶齡基金會合作，創立了「泉公益」公益眾籌平台，滴水成河，惠及眾人。

不少人都有做公益的想法，可是怎麼開始呢？我坐在上海宋慶齡基金會的辦公室裡，面對電腦，打算從梳理思路開始。那麼，用什麼工具來梳理呢？

用 Word 嗎？Word 是一個以「行」為基本結構的工具，有強制性的線性思維，不適合梳理發散的思路；用 Excel 嗎？Excel 是一個以「表」為基本結構的工具，必須遵循橫豎結構，太嚴謹；用投影片嗎？投影片是一個以「頁」為基本結構的工具，還是線性思維，只是比 Word 更有表現力。用 Word、Excel、投影片來梳理思

路，就像穿著西裝參加運動會一樣，無法釋放全部創造力。

那用什麼呢？下面介紹一個我特別喜歡的思考工具——心智圖。心智圖，最早由英國教育學家東尼．博贊（Tony Buzan）發明。他研究發現，人類的思維方式不是線性的、表格的，而是放射性的：從一點出發，煙花式綻放。他提出了「放射性思維」的概念，和基於此概念的思考工具——心智圖。

回到最開始的泉公益的例子。

我在基金會的一面白牆上，用好幾張靜電白板貼拼出足夠的思考空間，然後在白板中央寫上「泉公益」三個字，退後幾步，進入放射性思維狀態。

泉公益，當然需要一個網站。我在「泉公益」三個字附近，寫下「網站」兩個字，然後用線條連接。但更重要的是一套「先有項目，再有捐款」的流程，這將杜絕資金池帶來的腐敗。我又寫下「內部流程」四個字，也與「泉公益」相連，然後再寫下「宣傳與推廣」、「團隊」等。

我在寫「團隊」時突然想到，捐贈者的情感是需要被呵護的，做個「我捐款我自豪」的頁面吧。這個想法放在哪裡呢？我把這個突如其來的想法寫在「網站」旁邊，然後回來接著思考「團隊」。

這就是放射性思維。我在巨大的白板面前，思考了整整一上午，設計出了泉公益的雛形。最後，我和基金會團隊一起不斷完善它，最終把泉公益變成了現實。就在二〇一七年，我還通過泉公益平台，參與捐贈了一所遠程支教[6]的小學。

「心智圖這麼有用？我一直以為它是用來記筆記的！」這是大家對心智圖最常見的誤解。雖然心智圖也可以用於記筆記，但僅僅如此就真是大材小用了。**心智圖最大的作用，不是記錄，是思考，是創造。**

怎麼借助心智圖和它背後的放射性思維，來思考和創造呢？

第一，先從目標開始。

用心智圖來思考和創造時，首先要想清楚：目標是什麼？這個目標可能是：如何在三個月內提升業績，企業的願景、使命、價值感是什麼，怎樣才能讓她愛上我，下一年我的時間應該怎麼分配，等等。

找個足夠大的白板，把目標寫在正中間。這塊白板要大到不會因為地方不夠而認為：這一點不重要，留些地方寫重要的事吧。

---

6 支教：救援偏遠地區鄉鎮中小學校教育和教學管理工作，又稱義教。

第二，不被心智圖限制。

不要被層次限制。有任何想法，立刻寫在紙上，不必先把第一層「相互獨立，完全窮盡」了，再想第二層。不要被形式限制。圖片、顏色、線條都不重要。追求美觀，讓別人看到後「哇」的一聲讚歎，反而會忘了真正的重點。

不要被邏輯限制。有個想法表達不準確，或者放錯層次了，不重要。擦掉重寫，或者重新關聯，不必抱著「落筆一定不能錯」的想法。

第三，善用各種工具。

東尼．博贊時代的心智圖，很多是在白紙上畫的。但在白紙上畫心智圖，修改、保存都很困難。

可以試試巨大的白板或者白板貼；試試平板電腦，比如用 Surface 電腦（微軟平板電腦）的 OneNote（微軟辦公軟體）畫心智圖；試試專業的繪製心智圖的軟體，比如 Mind Manager 等等。

KEYPOINT

心智圖

心智圖是東尼·博贊發明的一種思考工具。東尼認為，人的思維不是線性的、表格的，而是放射性的。心智圖可以充分發揮創造力，從目標開始，逐級發散、相互獨立、周密全面，最大限度的展現原汁原味的創意。想最大化的發揮心智圖的效能，要做到：第一，先從目標開始；第二，不被心智圖限制；第三，善用各種工具。

3. 集齊七個問題，讓思維更縝密——5W2H法

5W2H法是很有效的思考工具，能夠步驟化、流程化的進行思考，從而更縝密的找到問題，變革創新，分配任務。

老闆交給某員工一個任務：推進公司不慍不火的「前員工俱樂部」的營運。該員工接到任務後，把「前員工俱樂部」六個字寫在心智圖的中央，然後腦海中就一片空白，不知如何開始。他把下屬小李叫來：「你先幫我調查前員工俱樂部的現狀吧。」小李領命走了。三天之後，老闆問起來，他去催小李。小李說：「啊，這麼著急？我現在就去！」他這才意識到，居然沒交代小李何時反饋。

為什麼會這樣？平時思維似乎很縝密的員工，怎麼會「一片空白，瞻前不顧後」了呢？

思維縝密，是個很難界定的概念。事情都做完了嗎？差不多了。什麼叫「差不多了」？因為很難界定，所以容易犯錯，容易疏漏。清單上有十七件事，完成了

十五件，這才是縝密。想讓思維更縝密，需要一個步驟化、流程化的思考工具——5W2H。

5W2H是最常見的七個問題：Why（為什麼），What（是什麼），Where（在何處），When（在何時），Who（由誰做），How（怎麼做），How Much（要多少）。**把這七個問題放在一起問，確實能彌補思考問題的疏漏。**

舉個例子，「小張，把這份報告複印一下」。複印幾份？什麼時候要？複印完交到哪裡？

用5W2H法重新整理一下。

Who：小張。

What：做什麼？複印報告。

How：怎麼做？用高品質複印。

When：何時交？下班前。

Where：交到哪兒？總經理辦公室。

How Much：複印多少？兩份。

Why：為什麼這麼做？給客戶做參考。

重新整理之後，可以這麼說：「小張，請你將這份報告複印兩份，於下班前送到總經理辦公室交給總經理。請留意複印的質量，總經理要帶給客戶做參考。」這是不是縝密多了呢？

5W2H法，又叫「七何分析法」，它的步驟化、流程化，就像醫生拿著檢查板，面對患者，一項項打勾：血壓，達標；心律，達標；血糖，達標。最後收起檢查板，微笑著對患者說：「你恢復得很好，很快就可以出院了。」

回到最初的案例。具體應該在哪些場景，如何利用5W2H的檢查板，讓思維更縝密呢？可以試試下面三種用法。

第一，用5W2H法找到問題。

下屬反映：前員工俱樂部最近不慍不火。要搞明白這個問題，可以拿起5W2H檢查板一一檢查。

What：前員工俱樂部的互動愈來愈少。

Where：微信群裡的發言數量減少。

When：最近三週，尤其是最近一週。

Who：都不怎麼發言了，尤其是以前最活躍的幾個人。

How Much：五百人的群組，過去每天有一千條以上的發言，現在降到了每天幾十條。

Why：這可能是因為群組成員各方面水準高低不一，話題價值不同，愈來愈多的人感覺疲累。

這樣，就把「前員工俱樂部最近不慍不火」這個問題具體化了。

第二，用5W2H法變革創新。

站在心智圖前，面對中央的「前員工俱樂部」六個字，開始用5W2H法，圍繞七個問題層層展開。甚至可以試著就這七個問題中的每一個問題，繼續深入四個層次，尋找創新機會。

比如Why：建立「前員工俱樂部」的原因是什麼？

第一層深入：因為要和前員工保持聯繫。

第二層深入：為什麼要和前員工保持聯繫？因為希望前員工幫助推廣產品、推薦員工、給新產品提意見等。

第三層深入：有更合適的實現這些目標的方法嗎？有。比如，邀請其中一些真正有影響力、有能力的前員工做「榮譽顧問」。

第四層深入：為什麼這麼做更合適？因為避免了很多無效溝通。

所以，該員工在「前員工俱樂部」的基礎上，設計了更有效的「榮譽顧問」計畫。

第三，用5W2H法分配任務。

「小李，幫我調查一下前員工俱樂部的現狀，明天向我匯報。」這是3W。

如果想更縝密一些呢？

「小李，老闆希望改善前員工俱樂部的營運，你先幫我調查一下現狀，列出十條優點、十條缺點。明天下午四點到我辦公室匯報。你可以找小張幫你一下。」這就是5W2H。

KEYPOINT

5W2H法

5W2H是常見的七個問題：Why、What、Where、When、Who、How和How Much。5W2H法並不複雜，卻是步驟化、清單化管理思維的典型代表，能夠使我們更縝密的找到問題，變革創新，分配任務。

4. 為什麼？為什麼？為什麼？為什麼？為什麼？——5WHY法

提出正確問題，區分客觀原因和主觀藉口，從問題出發，不斷追問為什麼，5WHY法能用來有效分析問題，找出根本原因。

什麼是5WHY法？

5WHY法的意思是追問五個為什麼。作為一種思考工具，它最早由豐田公司的大野耐一提出。在某一次新聞發布會上，記者問大野耐一：「豐田汽車的質量為什麼會這麼好？」大野耐一回答：「我碰到問題，至少要問五個為什麼。」

據說有一次，大野耐一到生產線上視察，發現機器停轉了。於是他問員工：「為什麼機器停了？」員工答：「因為超過了負荷，保險絲斷了。」他接著又問了第二個問題：「為什麼會超負荷？」員工答：「因為培林的潤滑油不夠。」第三個問題：「為什麼潤滑油不夠？」員工答：「因為潤滑泵吸不上油來。」第四個問題：「為什麼吸不上油來？」員工答：「因為油泵軸磨損、鬆動了。」第五個問題：「為什麼磨損了呢？」員工答：「因為沒有安裝過濾器，混進了鐵屑等雜質。」**通過追問五個為什麼的方式，最終找到問題的真正原因。**

任何一個現象或者問題，一定有導致它的直接原因。比如，「為什麼傑佛遜紀念館（Thomas Jefferson Memorial）的外牆斑駁陳舊？」

「因為清潔工經常使用清洗劑進行清洗。」這是直接原因。

當然可以讓清潔工減少清洗，這個問題也許立刻會得到解決。但這僅僅是緊急處理的方法，就像止痛針一樣，雖然能緩解痛感，但治標不治本。

所以繼續追問：「又是什麼導致清潔工要經常清洗呢？」

「因為有很多鳥在這裡拉屎。」

「那為什麼有很多鳥呢？」

「因為這裡非常適宜蟲子繁殖，這些蟲子是鳥的美餐。」

這就是導致直接原因的間接原因了，但它們還不是根本原因。

那麼接著追問：「為什麼這裡適合蟲子繁殖呢？」

「因為那裡有一排窗，太陽把房間裡照射得非常溫暖，很適合蟲子繁殖。」

原來，那一排沒有窗簾的窗戶，才是導致外牆斑駁陳舊的根本原因。怎麼辦？

掛上窗簾，問題就解決了。

這就是5WHY法：從問題出發，不斷追問為什麼，告別直接原因，路過間接原因，最終找到根本原因。

運用5WHY法，需要注意兩件事。

第一，提出正確的問題。

員工說：「因為超過了負荷，保險絲斷了。」這時，如果追問的不是「為什麼會超負荷」，而是「為什麼不用更好的保險絲」，這個方向就偏離了根本原因，走向了次要的採購流程。

員工說：「因為清潔工經常使用清洗劑進行清洗。」這時，如果追問的不是「為什麼要經常清洗」，而是「為什麼要用清洗劑」，這個方向也偏離了根本原因，走向了次要的「哪種清洗方式更好」的問題。

提問題，要一直針對根本原因。

第二，區分原因和藉口。

「為什麼會超負荷？」如果員工答：「因為安排的工作量太大，機器都受不了，人就更受不了了。」接著問：「為什麼工作量這麼大？」員工說：「因為車間主任不是個好人。」這次討論就會被情緒帶走。

要區分客觀原因和主觀藉口。

KEYPOINT

5WHY法

5WHY法，就是從問題出發，不斷追問為什麼，告別直接原因，路過間接原因，最終找到根本原因。用5W2H找到問題，用5WHY分析問題。使用5WHY法時一定要注意：第一，提出正確的問題；第二，區分原因和藉口。

5. 太極生兩儀，兩儀生四象——四象限法

四象限法，能把我們從「非此即彼」的二分法裡解放出來，用兩個對立統一的屬性作為依據，畫出四象限圖，分別討論情況，讓思維更完整、更辯證。

「一切商業的出發點，都是用戶獲益。」聽到這個觀點後，某老闆深受啟發：「對啊！不讓用戶獲益，用戶幹麼選我的產品呢？」老闆開始不斷追求用戶價值，體驗升級，用戶愈來愈開心，可最後公司還是虧錢了。老闆很痛苦，四處求教。有人聽完他的講述，輕蔑的一笑，說：「任何一種商業模式，都是你自身能力的變現方式。」老闆一聽，醍醐灌頂：從自身能力出發，確實更實際啊！

那麼，到底是從「用戶獲益」出發重要，還是從「自身能力」出發重要呢？

其實，這兩種說法都正確。什麼不正確呢？把這兩個維度對立起來的思維方式不正確。**我們被「非此即彼」的二分法統治太久，思維變得簡單而僵化，從而失去了分析複雜問題的能力。**可以試試用「對立統一」的四象限法，來面對這個多樣的

世界，分析這些複雜的問題。

什麼叫四象限法？

在《5分鐘商學院·個人篇》「高效能人士的七個習慣」一章中，我介紹了時間管理矩陣，把事情分為「重要和不重要」、「緊急和不緊急」。輕重是一個維度，緩急是另一個維度。不能說「重」和「急」哪一個更優先，也不能說「輕」和「緩」哪一個更無關緊要，它們是兩個不同的維度。把輕重維度置於縱軸，把緩急維度置於橫軸，就有了時間管理矩陣圖。

時間管理矩陣，不把輕重和緩急這兩個維度對立起來，而是把它們統一起來，從而生成了四個象限：重要且緊急、重要但不緊急、緊急但不重要、不緊急也不重要。

這就是四象限法，從「非此即彼」的二分法裡解放出來，用兩個對立統一的重要屬性作為依據，畫出四象限圖，分別討論情況，逐個解決問題。

回到最初的案例。到底是從用戶獲益出發更重要，還是從自身能力出發重要呢？我們把思路從「非此即彼」改為「對立統一」，畫一個四象限法圖看看。

蘋果公司的「軟體傳教士」蓋伊·川崎（Guy Kawasaki）以「用戶獲益」為橫軸，「自身能力」為縱軸，生成了四個象限：自身能力很強，但是用戶並不獲益，這

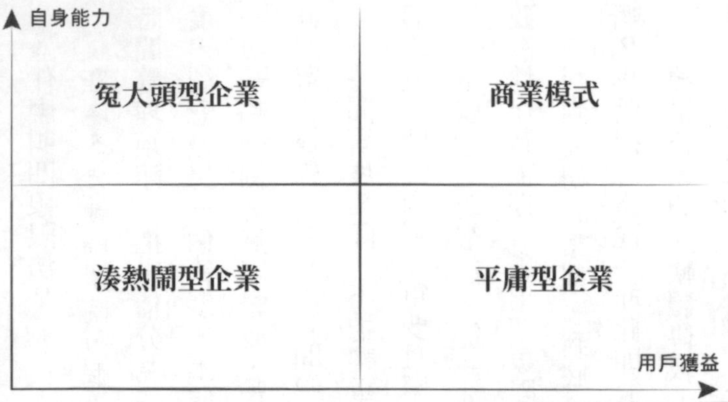

叫「冤大頭型企業」；用戶獲得利益，但自身並沒有能力因此盈利，這叫「平庸型企業」；自身能力不強，用戶也不因此獲益，這類企業是來「打醬油」的，叫「湊熱鬧型企業」；只有用戶獲益，自身能力也很強的企業，才有真正的「商業模式」。

通過這個例子，可以看到四象限法從「非此即彼」到「對立統一」的威力。這就是《易經》裡「太極生兩儀，兩儀生四象，四象生八卦」中的「兩儀生四象」。

應該怎麼利用威力如此強大的四象限法，提升思考能力呢？

比如分析風險管理，可以從「可能性」和「損失」兩個維度，生成「轉嫁、規避、降低和自留」四個象限。於是就有了風險管理模型。

比如分析自我認知，可以從「自己知不知道」和「別人知不知道」兩個維度，生成「公開的自我、祕密的自我、盲目的自我和未知的自我」四個象限。於是就有了周哈里窗理論（Johari Window Theory）。

比如分析企業的產品布局，可以從「相對市占率」和「市場增長率」兩個維度，生成「金牛、明星、問題和瘦狗」四個象限。於是就有了BCG矩陣。

四象限法幾乎是整個西方管理學、經濟學，甚至是哲學最基本的分析工具之一，無處不見。

KEYPOINT

四象限法

四象限法，就是從「非此即彼」的二分法裡解放出來，用兩個對立統一的重要屬性作為依據，畫出四象限圖，分別討論情況，逐個解決問題。用四象限法來分析問題，會讓思維更完整、更辯證。風險管理模型、周哈里窗理論、BCG矩陣等，都是用這個基礎工具打造出來的高級工具。

時間筆記

第六章

溝通工具

請把和下屬的一比一會議放入日程表——**一比一會議**

用「十二原則六步法」開好一個會——**羅伯特議事規則**

「自我要求」是種精神，更需要方法——**Scrum**

讓右腦一起來開會——**視覺會議**

外部愈是劇烈變化，內部愈要集中辦公——**作戰指揮室**

1.

請把和下屬的一比一會議放入日程表——一比一會議

定期和下屬進行以對方為中心的一對一談話，少說少問多聽，主動幫助員工，及時表達感謝，才能收穫更好的業績和更大的忠誠度。

某老闆一直非常器重一個員工，給他最好的待遇和最大的責任。老闆期待著有一天他能成長起來，獨當一面，甚至成為合夥人。但突然有一天，這個員工對老闆說：「我思考了很久，決定暫時離開大家，去嘗試一些新的機會。雖然非常不捨，但希望老闆批准。」老闆很吃驚：「為什麼啊？我們這裡有什麼不好嗎？」他說：「沒有，這裡非常好，但我也有自己的夢想。」老闆立刻不知道說什麼了。怎麼辦？安排一次「離職面試」吧。同時，老闆還必須反思一件事：為什麼他「思考了很久」，而自己居然一直不知道！

這是因為老闆和員工之間嚴重缺乏溝通。

「啊？我們平時的溝通不少啊，經常開會，甚至半夜還通電話討論項目呢。」沒錯，但這些溝通，都是老闆「按我的需求發起，被我的目標主導，用我的邏輯進行」的溝通。這些溝通的關鍵詞是「我」。老闆缺乏的是「按你的需求發起，被你的目標主導，用你的邏輯進行」的溝通。這些溝通的關鍵詞是「你」。在以「我」為核心的溝通中，是聽不到「你」的心聲的。

怎麼辦呢？可以試試一種以「你」為核心的溝通工具——一比一會議。

什麼叫一比一會議？

我在微軟時，公司要求管理者每兩週，至少每個月，與每個直接下屬單獨開一次一小時的一比一會議。那時我有二十九個直接下屬，分布在上海、香港、台北、首爾和班加羅爾。就算每個月和每個人花一小時開會，那也意味著二十一個工作日中，大約有三．五天都在開一比一會議。這效率也太低了吧！把二十九人召集在一起，一個小時搞定，不行嗎？

真不行。有一次，我和一位直接下屬開一比一會議。我問：「今天你想和我聊點兒什麼？」她有點兒猶豫，但終於開口說：「我知道以客戶為中心很重要，我知道客戶永遠是對的，但有個客戶實在太不講理了。」「他怎麼不講理了？」於是，她控制住自己，講述了客戶如何居高臨下，反覆無常。

我知道，這是一個溝通技巧的問題，於是跟她說：「來，我們一起回這封郵件。」我們一邊回郵件，一邊逐字逐句的討論為什麼這麼寫。郵件發出去了，她非常高興。

這件事我很快就忘了。一個偶然的機會，我通過第三人了解到，她常和別人說起這件事，對我很感激。那一刻我突然意識到，原來一個有效的一比一會議是如此重要。如果沮喪、無助積累下來，她會不會某天對我說「我思考了很久，決定暫時離開大家」呢？

一比一會議是管理人員定期與每位下屬進行的以對方為中心的一對一談話。公司裡絕大多數溝通，都是從「我」到「你」，從上到下；而一比一會議，是從「你」到「我」，從下到上的溝通工具。管理人員用一比一會議的方式，把時間投資給員工，可以收穫更好的業績、更高的效率和更大的忠誠度。

如何進行有效的一比一會議呢？

第一，嚴格定期溝通。

在日程表上，早早確定未來一年與每個員工的一比一會議。開會時，主動闔上電腦，把手機調到振動狀態。千萬不要遲到，更不要在最後一分鐘取消會議。會議時間可以是一小時，但最少三十分鐘。總之，認真對待，而不是有空就聊。

第二，少說少問多聽。

這不是演講會，要盡量遵守「二十五比二十五比五十」原則：百分之二十五的時間用來問，百分之二十五的時間用來說，剩下百分之五十的時間用來聽。這不是項目回顧會，不要上來就問：「你手上的幾個項目，進展怎麼樣？」一比一會議的核心是「你」，請員工事先準備好討論清單，讓員工擁有這個會議，而不是被管理人員「叫去談話」。

第三，主動幫助員工。

一比一會議的最終目的是解決問題。遇到什麼困難了嗎？我如何幫助你？有沒有不開心？我如何幫助你？團隊合作愉快嗎？我如何幫助你？最近學到了什麼新東西？還想學什麼？我如何幫助你？每一個問題背後的終極問題都是：我如何幫助你？

第四，及時表達感謝。

關心員工職業發展，詢問最近情緒變化。但最重要的是，要對他做得正確的事情表達感謝。面對員工，緩慢而堅定的用五秒鐘說：謝謝。

KEYPOINT

一比一會議

一比一會議，是管理人員定期與每位下屬進行的以對方為中心的一對一談話。管理人員用一比一會議的方式，把時間投資給員工，可以收穫更好的業績、更高的效率和更大的忠誠度。進行有效的一比一會議，要遵循四個原則：嚴格定期溝通、少說少問多聽、主動幫助員工、及時表達感謝。

2. 用「十二原則六步法」開好一個會——羅伯特議事規則

開會是用時間換結論的商業模式。為了最高效的獲取會議的結論價值，可以試試被稱為「開會規則聖經」的羅伯特議事規則。

某團隊召開會議，討論是開發獨立的應用程式，還是繼續依託微信營運。有人說：「必須做應用程式，用戶是我們的命，始終要獨立。」有人說：「依託微信，至少還有命；自己做，連命都沒有。」有人說：「你們看到微信上那些一言不合就被封鎖的網紅了嗎？」眼看戰火升級，團隊負責人打斷他們：「都別說了，先討論點兒有意義的……」

不文明、跑題、打斷、一言堂，讓這場討論沒有任何結論。**開會，是用時間換結論的商業模式**。可為什麼投入同樣的時間，有的人能賺取極高的結論價值，有的人卻血本無歸呢？

這是因為使用的開會商業模式不對。美國國會使用的開會商業模式《羅伯特議事規則》（*Robert's Rules of Order*，RONR）被稱為「開會規則聖經」。這本書內容豐富，其中的精華可以總結為「十二原則六步法」。

回到最初的案例，如果運用「十二原則六步法」，這個會應該怎麼開呢？

第一步，動議。

動議，就是行動的建議，必須包括時間、地點、人員、資源、行動、結果。比如：「我動議：投入五十萬元，調撥十二人，三個月內做出獨立應用程式。建議在上海開展，由開發總監負責。」

這涉及動議中心原則：先動議後討論，無動議不討論。

第二步，附議。

只要有一個人說「我附議」，就可以進入議事流程。

如果沒有人附議，主持人可以附議嗎？不可以。這涉及主持中立原則：主持人有場控權，必須從討論中抽離。不得發表意見，不得總結別人的發言，即便是領導也不行。

第三步，陳述議題。

主持人清楚的陳述議題，讓與會者明確了解到底討論的內容是什麼。

第四步，辯論。

主持人宣布開始，動議方立刻發言：「我的動議，其實是大家的普遍觀點，你們說是嗎？」很多人紛紛插話說「是的」、「我早就這麼想了」。

這很危險。他在造勢，一種意見一哄而上，就會壓制不同聲音。怎麼辦？啟動機會均等原則：任何人發言前，必須得到主持人允許。先舉手者優先，未發言者優先。同時，盡量讓正反雙方輪流發言，保持平衡。

有人舉手：「我覺得都可以，要看具體情況。」

這也很危險。沒有觀點，無助於結論。應該啟動立場明確原則：發言人要先表明立場，再說明理由。

某人正在發言，突然有人忍不住打斷：「你這個想法不現實，因為……」

這更危險。應該立即制止，強調發言完整原則：不能打斷別人；以及面對主持人原則：發言要面對主持人，參會者之間不得直接辯論。

討論過半，有人一直在說，有人一言不發。要提醒一直在說的人限時限次原則：「一個議題，每人最多發言三次，每次最多兩分鐘。這是你第三次發言，請注意。」

他說：「好，那我說說另一件有關的事吧。」主持人還是要打斷他：「一時一件原則，不得跑題。」

他很生氣：「可這件事已經討論很久了。」主持人要宣布遵守裁判原則：主持人最大，無條件服從。

他惱羞成怒：「他們的想法實在太蠢了。」怎麼辦？文明表達原則：不得人身攻擊，不得質疑他人的動機、習慣或偏好。

在一系列規則下，辯論終於變得有序、交替、高效。

第五步，表決。

開發總監覺得差不多了，說：「表決吧。」然後舉起了手。

主持人請他把手放下，宣布充分辯論原則：還有發言機會的人都講完了嗎？討論充分方可表決。

終於都表達完畢，啟動多數裁決原則：贊成人數多於反對人數，即為通過。平局算未通過。

表決時，不要說「同意的跟我一起舉手」並先舉手，然後盯著每個人看，不舉手的就使勁兒盯，直到人數夠了就宣布通過。

主持人應先說「贊成的請舉手（停頓幾秒），請放下」，再說「反對的請舉手（停頓幾秒），請放下」。不要請棄權的舉手。主持人必須最後舉手。

第六步，宣布結果。

「最終以十五票贊成、八票反對、兩票棄權通過開發應用程式。散會。」

這就是一場符合羅伯特議事規則的討論。

有一次記者問曾任香港特別行政區立法會主席的范徐麗泰：「高居議會之巔是什麼感受？」她回答：「有口難言！」記者又問：「遇到那麼多爭議，你的原則是什麼呢？」她又回答：「議事規則。」這就是一個主持人應有的素質。

KEYPOINT

羅伯特議事規則

這套規則的精華為「十二原則六步法」。十二原則是動議中心，主持中立，機會均等，立場明確，發言完整，面對主持，限時限次，一時一件，遵守裁判，文明表達，充分辯論，多數裁決。六步法是動議，附議，陳述議題，辯論，表決，宣布結果。

3. 「自我要求」是種精神，更需要方法——Scrum

自律工具Scrum的本質是把一次漫長的長跑分割成一段段全力以赴的衝刺，通過流程提高效率。

Scrum是橄欖球比賽中「爭球」的意思，想像一下爭球時的敏捷、激情和你爭我搶。Scrum就是取義於此，被廣泛應用於IT界的一套項目開發工具。

簡單來說，Scrum是由三個角色（產品負責人、Scrum專家、開發團隊）、四個儀式（衝刺計畫會議、每日站立會議、評審會議、回顧會議）和三個物件（產品訂單、衝刺訂單、燃盡圖）組成的一套項目管理方法。

首先，要有一份「產品訂單」。訂單，就是自帶「趕快處理我吧」這種情緒的需求清單。比如，《劉潤．5分鐘商學院》的需求清單，就是詳細的兩百六十天的課表。

接著，舉行衝刺計畫會議。

衝刺，是一次竭盡全力的短跑。Scrum的核心，是把整個項目分成若干段衝刺，每次二到四週，衝完這一段再進行下一段。

作為產品負責人，召開衝刺計畫會議時要訂下三件事。

1、衝刺目標。「本月衝刺三十五篇文章」，訂下來後，把它從「產品訂單」移入「衝刺訂單」。

2、衝刺方法。分為六步：概念起點、初始想法、案例文稿、原始錄音、錄音終稿、最終交付。

3、分配任務。團隊成員五人，在六個步驟中，各自主動領取任務。

產品負責人把目標、方法和任務分配寫在白板上，白板是團隊最重要的工作台。一個月三十五篇文章，每個工作日超過一．五篇，工作壓力非常大。但這就是衝刺。

然後，每天早上要舉行每日站立會議。

團隊成員站在看板前，進行不超過十五分鐘的進度溝通。Scrum 專家的職責是保證流程順利，並引導大家說三件事：你昨天做了什麼？今天打算做什麼？有什麼困難？

同事A說：「我昨天蒐集了兩篇文章的素材。」於是，A把那兩張寫著文章名字的便利貼從「初始想法」移到「案例文稿」。同事B說：「我寫完了一篇專欄，並錄了語音。」於是，B把這項任務從「案例文稿」移到「原始錄音」。同事C說：「今天我要花十小時寫兩篇專欄。我的困難是素材質量不高。」

千萬記住：這時不要討論素材質量不高的原因和解決辦法，會後再討論。

十五分鐘內，每人說三句話，把文章從上一步挪到下一步。開完會，完成的文章從十五篇變成了十七篇。這時，要更新牆上的燃盡圖。

燃盡，是「燃燒完」的意思。隨著時間推移，剩餘工作量愈來愈少。把計畫進度畫成一根從左上到右下的線，把實際進度用其他顏色標在旁邊，工作量就像蠟燭燃燒一樣不斷減少。

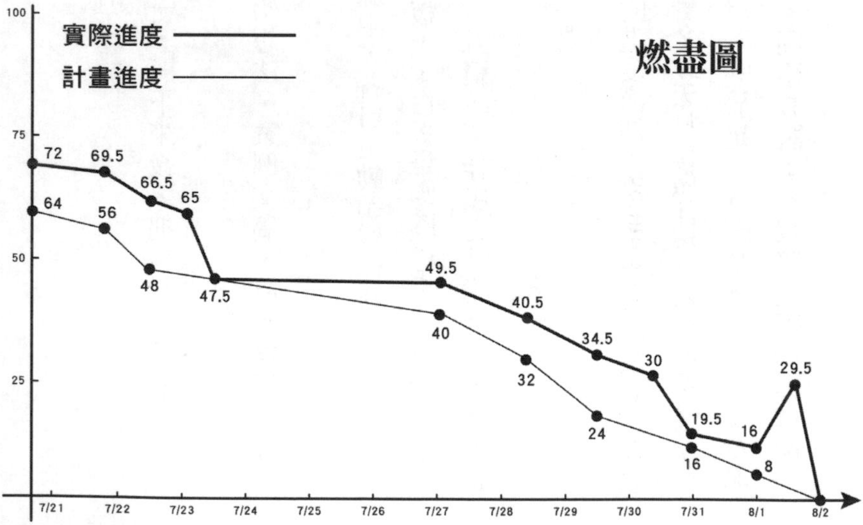

實際進度在計畫進度上方，說明落後了。怎麼辦？少廢話，立馬回去幹活。

在每日站立會議的緊張感和剩餘任務逐漸燃盡的成就感中，一輪衝刺終於結束了，開始評審會議和回顧會議。

評審會議，由產品負責人主持，一起審閱交付的產品，也就是文章。

回顧會議，主要討論開始做什麼、停止做什麼、繼續做什麼，也就是復盤。復盤之後再啟動下一輪衝刺。

羅振宇說：「自我要求，愉悅他人。」**自我要求，不僅是一種精神，更需要一套方法。**

KEYPOINT

Scrum

Scrum是一套項目管理流程，包括三個角色（產品負責人、Scrum專家、開發團隊）、四個儀式（衝刺計畫會議、每日站立會議、評審會議、回顧會議）和三個物件（產品訂單、衝刺訂單、燃盡圖）。Scrum的本質，是把一次漫長的長跑分割成一段段全力以赴的衝刺，通過流程提高效率。

4. 讓右腦一起來開會——視覺會議

將思維視覺化，通過圖畫將會議的內容邏輯清晰的呈現，讓所有開會者用全景畫面同步思考，有效參與，並跟進落實。

又開會了。和往常一樣，老闆滔滔不絕，經理七嘴八舌，員工一臉茫然。會議結束後，老闆總結說：「今天的會議卓有成效。小張整理一下會議紀要，記住：Who do What by When。」小張一臉茫然的點頭答應。當天下午收到會議紀要，老闆很無奈，和他想的完全不一樣，他認為的核心和重點一點兒都沒有突出。

這種現象，幾乎所有管理者都會遇到。老闆坐下來反求諸己：「為什麼我腦海中留下的會議畫面和記錄者腦海中的完全不一樣？那其他與會者呢？十個人帶著十幅畫面離開嗎？這太可怕了。」

這是因為與會者缺乏參與感。可是，大家討論得很激烈，怎麼會缺乏參與感？缺乏參與感，不是指左邊的人參與了，右邊的人沒參與；而是指與會者的左腦參與了，右腦卻沒參與。他們其實都只帶了「半個人」來開會。

科學研究表明：左腦負責語言，右腦負責視覺。**一場只有左腦參與的會議，就是「半個人」開會，與會者容易身體疲勞，邏輯混亂。**試著在白板上把會議的內容畫成圖，讓另外「半個人」——右腦也參與進來，開一場「視覺會議」。

什麼是視覺會議？

回到最初的案例。開完會，老闆說：「今天的會議卓有成效。下面，請視覺記錄師用『畫廊漫步』的方式，做個回顧。」

所有人站到白板前。老闆說：「我們今天討論了……大家有……觀點，這個問題的核心是……問題出在……下一步要……」老闆一邊講，視覺記錄師一邊畫，所有與會人員邊看圖畫邊回顧內容重點。其間，與會者對某些點滴產生共鳴，興奮的議論。

畫完後，看著會議邏輯全景圖，所有與會者腦海中留下同一幅畫面。老闆讓小張把這幅圖貼在走廊上，讓大家時刻回顧，並把電子版附在會議紀要的郵件裡，供大家保存、回憶。

這就是視覺會議，將思維視覺化，通過圖畫將會議內容邏輯清晰呈現的溝通工具。

思維視覺化，到底有什麼用？看上去如此簡單（其實並不簡單）的方法，可以增強與會者的參與感。更重要的是，讓所有與會者用全景畫面同步思考，甚至共同創作，最終極大增強群體記憶，促進項目的跟進落實。

不需要每次都請視覺記錄師，掌握下面十種常見的視覺圖，就可以有效的實現參與感，幫助全景思考，增強群體記憶。

第一種，邏輯結構視覺圖。

要想表達事件之間的邏輯關係，可以試試利弊圖、四象限法圖、分布圖、系統圖。

利弊圖，是把好處和壞處分別列出來，比較權衡；四象限法圖，是用對立統一的方法，討論兩個概念組成的四種可能情況；分布圖，是把數據放進圖表中，摸索數據之間的關係；系統圖，是畫出要素間的相互作用，尋找規律。

第二種，時間順序視覺圖。

當想要表達的概念有先後順序，與時間相關時，可以試試甘特圖、流程圖、歷史圖。

甘特圖，是把任務列表放入時間軸，看清任務之間的關係；流程圖，注重任務的先後順序和相互依存的邏輯；歷史圖，是在時間軸上表明關鍵事件和節點。

第三種，發散思維視覺圖。

當思維沒有邏輯結構、時間順序，比較發散時，可以試試心智圖、魚骨圖、曼陀羅圖。

心智圖，從一點出發，發散性的拓展思維；魚骨圖，從結果開始，發散性的尋找原因；曼陀羅圖，從核心開始，發散性的拓展到外圍。

掌握了這十種視覺圖，就可以在大部分會議上，拿出一支筆，邀請右腦一起來開會。

KEYPOINT

視覺會議

為了更好的參與感、全景思維和群體記憶，可以用畫圖的方式，邀請右腦一起來開會。開視覺會議，並不需要畫家。記住三類（邏輯結構、時間順序、發散思維）視覺圖，就可以成功召開大部分會議了。具體包括：利弊圖、四象限法圖、分布圖、系統圖、甘特圖、流程圖、歷史圖、心智圖、魚骨圖、曼陀羅圖。

利弊圖

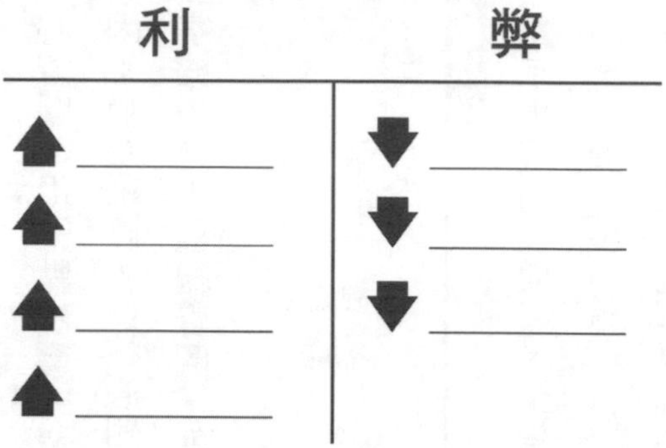

利弊圖

四象限圖

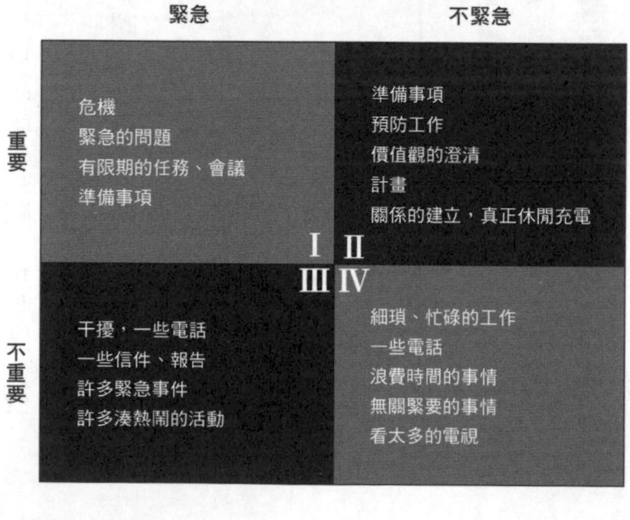

四象限圖

分布圖

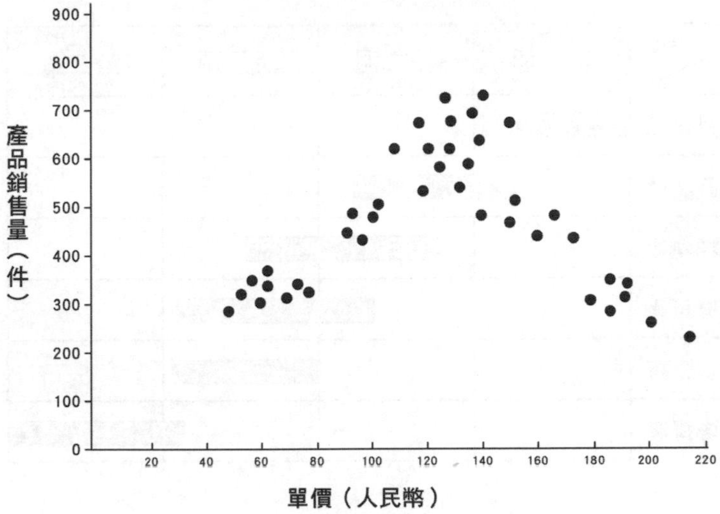
產品銷售量（件）
900
800
700
600
500
400
300
200
100
0
20
40
60
80
100
120
140
160
180
200
220
單價（人民幣）

系統圖

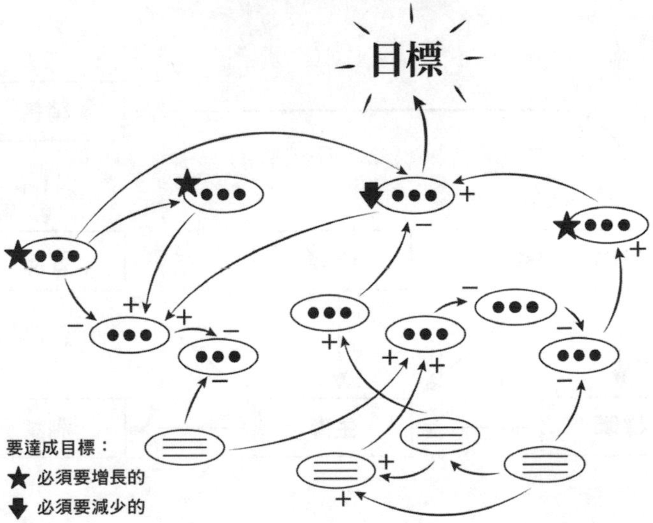
目標
要達成目標：
必須要增長的
必須要減少的

甘特圖 Gantt Chart

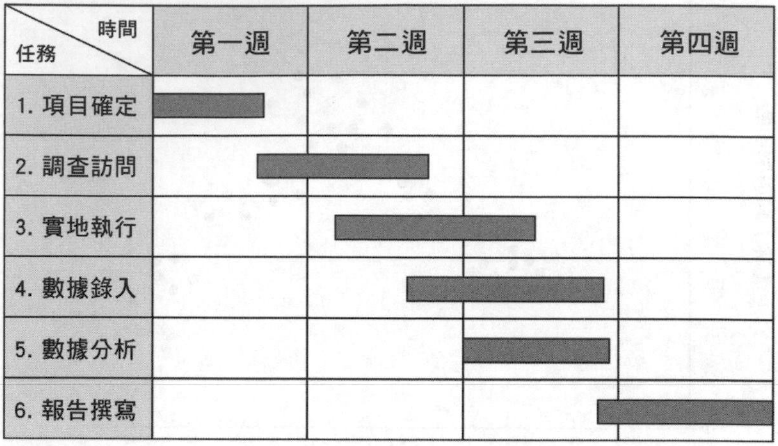

流程圖

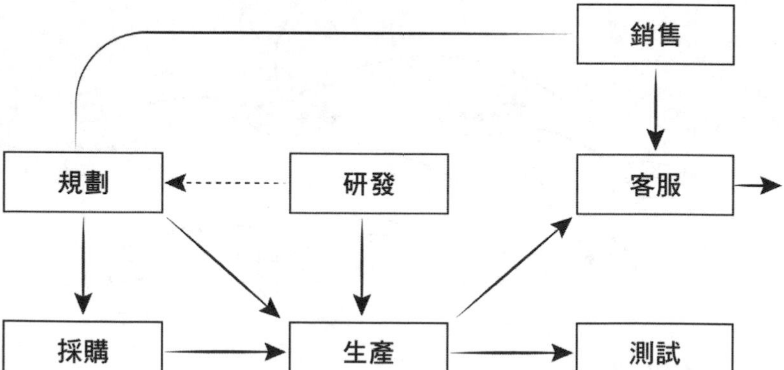

歷史圖

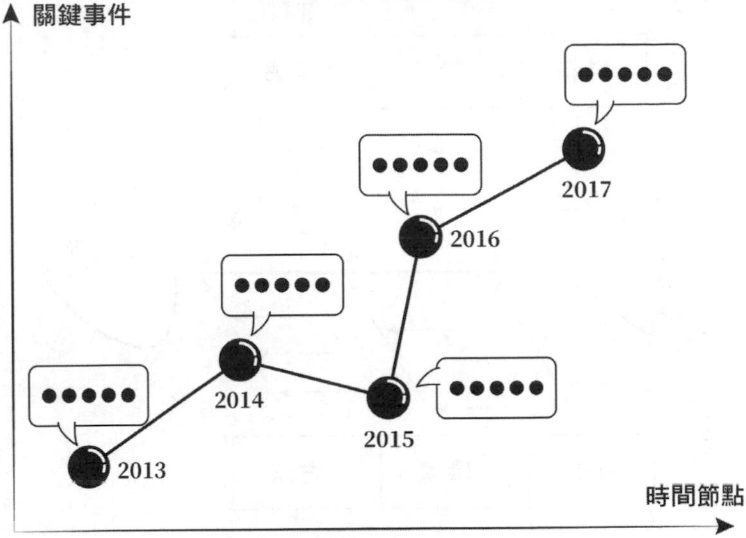
關鍵事件
●●●●●
●●●●●
●●●●●
●●●●●
●●●●●
2013
2014
2015
2016
2017
時間節點

思維導圖

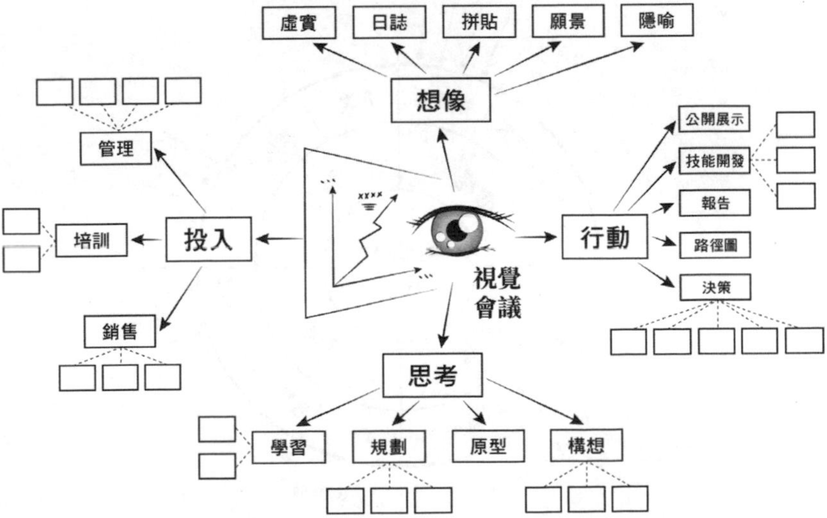
想像
虛實
日誌
拼貼
願景
隱喻
投入
管理
培訓
銷售
行動
公開展示
技能開發
報告
路徑圖
決策
思考
學習
規劃
原型
構想
視覺
會議

魚骨圖

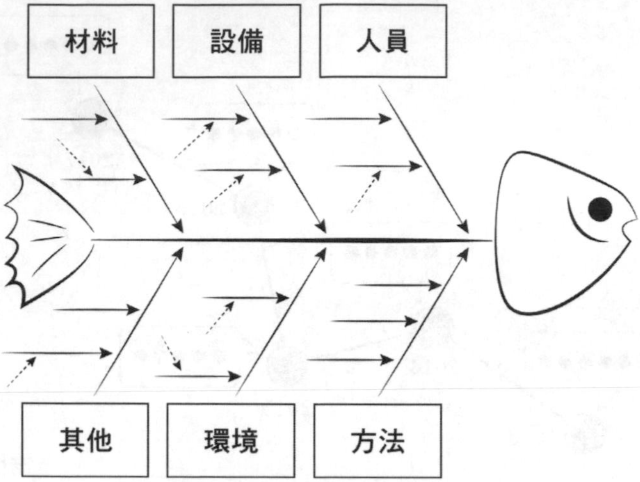
材料
設備
人員
其他
環境
方法

曼陀羅圖

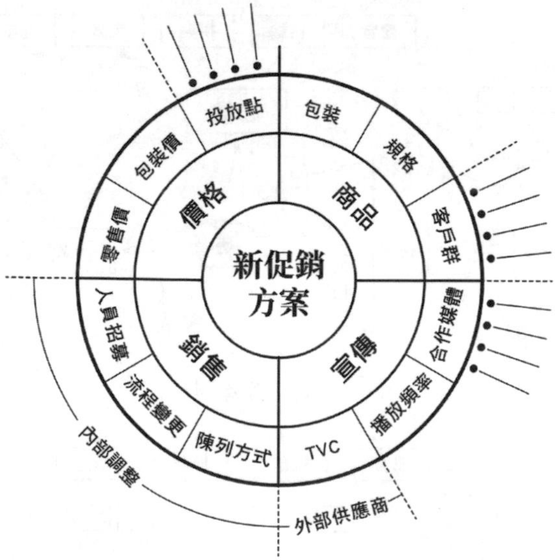
新促銷方案
價格
商品
銷售
宣傳
投放點
包裝價
會員價
包裝
規格
客戶群
合作媒體
播放頻率
TVC
陳列方式
流程變更
人員招募
內部調整
外部供應商

5. 外部愈是劇烈變化，內部愈要集中辦公——作戰指揮室

創業或攻克某個特定項目時，可以通過設立「作戰指揮室」，把所有人聚在一起，保證「變態級」的溝通效率。

在某個特定時期，比如創業初期，「集中辦公」作為一種獨特的溝通工具，有不可替代的巨大價值。它還有一個高端、大氣、上檔次的名字——作戰指揮室。

什麼叫作戰指揮室？

在幾乎所有的戰爭片中，都能看到一個討論軍情的房間。有的牆上掛一幅滿是標記的地圖，有的房間中有一個專門製作的沙盤。所有的核心將領、參謀、情報員等，吃住都在這裡，基於不斷獲得的軍事情報，討論、推演，隨時做出作戰決策。這個地方，就是作戰指揮室。

為什麼一定要有作戰指揮室？這是VUCA，也就是「易變（volatility）、不確定（uncertainty）、複雜（complexity）、模糊（ambiguity）」的戰爭局勢對溝通效

率的變態要求的逆推。

軍事往往是最新科技、策略和管理方法的源頭。作戰指揮室，後來被用在企業管理中，管理人員逐漸達成共識：**外部愈是劇烈變化，內部愈要集中辦公。**

二〇一二年八月，蘇寧副董事長孫為民說：「不賺錢，也要堵截京東。」也許就是這句話，掀起了電商史上最慘烈的一次價格戰。

八月十三日晚，京東董事長劉強東發布微博：「今晚，莫名其妙的興奮。」第二天一早，劉強東再次發布微博：「京東大家電三年內零毛利！三年內，任何採銷人員加上哪怕一元的毛利，立即辭退！」當天，京東把一間會議室改為「打蘇寧指揮部」。

這個「打蘇寧指揮部」，就是一個作戰指揮室，由劉強東親自掛帥，包括十二個市場、公關、銷售、大家電等部門的成員，時刻關注微博等網路用戶和對手的動向，及時制訂策略。

根據作戰指揮室提供的情報，劉強東宣布了「零毛利」方案：全國招收五千名美、蘇價格情報員，任何客戶到國美、蘇寧購買大家電時，拿出手機用京東客戶端比價，如果同樣的商品，京東的定價便宜數額不足百分之十，情報員現場發券，確保訂價便宜百分之十。

幾天後，蘇寧易購三週年慶，劉強東連發四條微博，招招致命，發起狙擊，引起蘇寧易購的反擊、國美的參戰。最終國家發改委出面，叫停了這場價格大戰。

京東如此犀利又咄咄逼人的進攻，跟快速匯聚資訊、瞬時做出決策的作戰指揮室有密切關係。

京東作為行業巨頭，打的是「項目戰」；作為初創公司，打的是「創業戰」。創業公司的辦公室，就是作戰指揮室，所有人必須坐在一起，確保「變態級」的溝通效率。

建立作戰指揮室，為特定項目提供「變態級」的溝通效率，要注意什麼呢？

第一，專用的作戰指揮室。

不要在公用會議室門口貼上「作戰指揮室」標籤，然後有空才來開會。這起不到「變態級溝通效率」的作用。作戰指揮室要專用，牆上最好貼滿項目進度、最新數據、客戶反饋等資料。最好讓團隊搬進去辦公。

第二，專設的快速作戰組。

「屋裡只有兩類人，」亞馬遜組建快速作戰組時說，「決策者和按動開關的人。」每個部門只選一個人，只要一種聲音，因為沒時間爭論。

不讓誰進入快速作戰組同樣重要。不讓旁觀者入隊，他們會浪費時間；不讓無關的高層入隊，他們會徒增壓力。

第三，專業的資訊展示板。

商業世界中的資訊和數據，就是戰爭中的地圖和地形圖。大型項目，比如天貓雙十一，都有無數螢幕顯示關鍵資訊，供作戰組決策。小公司或小項目組，至少要有足夠多的白板，把最新的數據貼在上面。

KEYPOINT

作戰指揮室

作戰指揮室是在「易變、不確定、複雜、模糊」的商業世界中，通過強制集中辦公，獲得「變態級的溝通效率」。建立作戰指揮室要注意三點：專用的作戰指揮室、專設的快速作戰組和專業的資訊展示板。

筆記時間

第七章 效率工具

如何隨時隨地、無邊無際的思考——**白板**

整個世界都是你的辦公室——**行動辦公**

你每年讀的書有一百本嗎——**電子閱讀器**

利用軟體，幫助「蒐集籃」吃盡知識——**知識管理**

任何時候任何地點，通過任何設備開啟任何文件——**雲端系統**

人生百分之八十的問題，早就被人回答過——**搜尋工具**

把基本功耍得虎虎生風——**郵件、日曆、通訊錄**

如何避免與懶惰握手言和——**協同軟體**

如何高效的休息和運動——**休息、運動**

君子性非異也，善假於物也——**我的一天**

1. 如何隨時隨地、無邊無際的思考——白板

借助白板這個工具，從「結構化的思維、有邊界的思維、不能錯的思維」中解放出來，隨時隨地、無邊無際的思考。

「SWOT分析」、「以牙還牙」、「復盤」等工具，其實都是流程、步驟，甚至是表格。很多時候講「工具」，並不是指實體物品，而是指方法，這些方法是花錢買不來的，只能花時間去學。但是實體工具對個人來說也非常重要，《商業篇》、《管理篇》、《個人篇》的心法配以實體工具，就像給關羽配上青龍偃月刀，必定如虎添翼。

先從一個最常用的工具說起：白板。

「快速學習」中的建立模型，「商業模式圖」中的九大策略模塊，「心智圖」、「四象限法」、「Scrum」、和「視覺會議」等，這些工具最終都要在白板上展現。

白板解決了思考過程中，三個非常實際的問題：

第一，相對於Word、Excel、投影片等辦公軟體，它能使個體從「結構化的思

維」裡解放出來，隨心所欲的思考；

第二，相對於A4紙，它能使個體從「有邊界的思維」裡解放出來，在廣闊的空間裡舒展、連接；

第三，相對於翻頁紙，它能使個體從「不能錯的思維」裡解放出來，想到就寫，寫錯就擦，擦了再來。

怎麼利用這個看上去平淡無奇，其實不斷創造神奇的白板，讓自己走到哪兒，就能思考到哪兒、發散到哪兒、創新到哪兒？

最簡單的方式，是買一個可移動的白板架，或者買一塊白板掛在會議室牆上。

但是，對於需要大量思考和協作的團隊來說，這遠遠不夠。可以試著用白板裝修辦公室。

如果辦公室較小，最適合做成白板的是櫃門。用白色毛玻璃包邊做成書櫃、辦公櫃的門，就能大大增加思考空間。

如果辦公室很大，最好的辦法是把所有結構立柱的四面包上白色毛玻璃，做成白板。坐在立柱旁邊的小組，不用預定會議室，隨時可以開會討論，極大的提高溝通效率。

如果辦公室再大點兒，有專門的創意空間，可以把所有沒有窗戶的牆都做成白板。走進這個空間，一定能釋放無邊無際的創造力，沉浸在創意的海洋裡。

如果對白板思考有重度依賴，可以在家裡也裝上白板。如果覺得辦公室白板太冷硬，可以試試用黑色烤漆玻璃做的黑板。

還可以把白板漆刷在物體上，自由作畫、擦洗。

如果要求更高，希望能隨時隨地、無邊無際的思考，可以隨身攜帶靜電白板貼。靜電白板貼是一卷薄薄的白板紙，拉開後稍微用力，就可以撕成整張的白板紙，靠靜電吸附在牆上。寫完後，可以把白板紙揭下來，不會對牆體產生任何破壞。

白板本身沒有價值，賦予它思考的意義，它就有了隨時隨地、無邊無際的價值。

KEYPOINT

白板

白板這個看上去平淡無奇，其實不斷創造神奇的工具，可以把我們從「結構化的思維、有邊界的思維、不能錯的思維」中解放出來，幫助我們隨時隨地、無邊無際的思考。

2. 整個世界都是你的辦公室——行動辦公

對於經常出差的人來說，借助有效工具在碎片時間行動辦公非常重要。大螢幕手機、藍牙鍵盤、手機支架，能營造類電腦辦公環境。

飛機又晚點了。一個出差的人傻傻的坐在候機大廳，愈想愈氣，忍不住和地勤人員大吵了一架。飛機終於起飛，他百無聊賴，把飛機上的雜誌翻了又翻，然後就不知道做什麼好了。其實每當這些時候，他如果有更重要的事情可做，能充分利用旅途中的碎片時間，就不會這麼焦躁和無聊了。

從二〇〇六年開始，我每年要坐一百多次飛機，甚至一年中有將近兩百天不在家。所以，利用工具在碎片時間行動辦公，對我來說特別重要。下面分享幾個我常用的行動辦公工具。

第一，帶手寫筆的平板電腦。

白板能克服「結構化的思維、有邊界的思維、不能錯的思維」，釋放創造力。

在機場休息室可以用靜電白板貼。在飛機上，可以用帶手寫筆的平板電腦，在上面寫寫畫畫，創作思考。

我使用的是微軟的Surface Pro 4平板電腦，借助OneNote軟體創造白板環境。如果喜歡蘋果品牌，可以考慮iPad Pro，也能實現類似效果。

其他優秀品牌的平板電腦、筆記本電腦也有不少，但因為不能手寫，對我來說沒有明顯吸引力。

第二，大螢幕手機＋藍牙鍵盤＋手機支架。

有時去某個城市出差，當天來回，或在本市參加重要會議，平板電腦太重了，不想帶怎麼辦呢？

對於像我這樣的人，有大量文字工作，比如在等候會議開始時，寫一段文字素材；在會議開始之後奮筆疾書，記錄會議要點，就可以試試「大螢幕手機＋藍牙鍵盤＋手機支架」的組合。

首先是大螢幕手機。多大的螢幕才叫「大」，每個人的感覺可能不同。最重要的是，把手機立在桌子上，可以便捷有效的代替電腦。對我來說，螢幕在五·五吋以上的手機，才更適合長時間工作。

其次是藍牙鍵盤。如果只是回幾條微信，發幾條朋友圈，沒有實體鍵盤，也不會有不順手的感覺。但把大螢幕手機當電腦用，當需要進行大量文字輸入時，就會感受到一個全尺寸的鍵盤有多重要。

我會隨身攜帶一個可摺疊的全尺寸藍牙鍵盤。找個地方坐下來，把大螢幕手機豎立在手機支架上，像變形金剛一樣打開摺疊鍵盤，開始輸入，又方便又酷，還能極大提高輸入效率。

最後是手機支架。為了把手機當電腦用，還需要一個手機支架。很多人喜歡指環式支架，但我並不推薦。指環式支架只能讓手機橫立，橫屏只適合看影片。**指環式支架是娛樂用的，工作用的支架必須讓手機豎立在桌上。**

我的手機支架，不用時就像一張信用卡，可以放在錢包裡。坐下來後，從錢包裡拿出手機支架，從口袋裡拿出藍牙鍵盤，瞬間就能創造一個辦公環境。這套行動辦公系統，可以極大的提高工作效率，充分利用碎片時間。

第三，藍牙耳機手環＋電話會議音響＋主動降噪耳機。

我每天要打很多電話。為了健康，離手機遠一點兒，我通常用藍牙耳機。可我常常在吃飯時，接完電話把藍牙耳機往桌上一放，就忘拿了。華為出了一款可以當藍牙耳機的智慧手環TalkBand，接聽電話，從手腕上取下耳機；接完電話，再放回手腕上。

有時除了打電話，我還要在飯店開電話會議。在微軟工作時，會議室有電話會議系統，在很大的會議室中，即便不直接對著麥克風說話，對方也聽得很清楚。我一直希望能把這套會議系統隨身攜帶。後來有了藍牙音響，這個問題就解決了。把手機跟藍牙音響連接，就可以對著空氣輕鬆開會，不需要對著麥克風聲嘶力竭。

我的行程非常滿，飛機、高鐵、汽車上的時間是非常重要的休息時間，我希望自己下了飛機就能精力充沛，可是飛機的轟鳴聲很大，很影響休息。後來我使用了BOSE的主動降噪耳機，它不是把耳朵塞得更緊，而是利用科技對沖掉外界的聲音，營造幾乎完全安靜的環境。戴上耳機，播放一段〈小橋流水〉，就可以在飛機、高鐵、汽車上安心睡覺了。

KEYPOINT

行動辦公

行動辦公，可以使用三套工具：1、帶手寫筆的平板電腦，把創造性思維拓展到旅途中；2、大螢幕手機＋藍牙鍵盤＋手機支架，營造類電腦辦公環境；3、藍牙耳機手環＋電話會議音響＋主動降噪耳機，營造更健康、輕鬆、有效的音頻環境。

3. 你每年讀的書有一百本嗎——電子閱讀器

愈是在碎片化時代，愈是要系統性讀書。組合使用多種電子閱讀器，高效獲取知識。

在《劉潤．5分鐘商學院》的線下課上，我向學員們推薦了一份精挑細選的書單，包含二十本我認為非常值得閱讀的，有助於對變化的商業世界認識升級的書籍，並希望學員盡量在一年之內讀完。

很多學員看到書單，「哇」的一聲驚嘆：「一年之內讀完，也就是兩週讀一本，我這麼忙，哪有時間啊！」

其實我也很忙。但是，我一年中用各種方式讀的書不少於一百本。在碎片化資訊、標題文章氾濫的時代，讀書反而愈來愈重要。正規出版的書籍裡的知識，相對來說更經得起推敲，更系統化。

怎樣才能高效的讀書呢？下面介紹一下我使用的讀書工具：電子閱讀器。

第一，能讀電子書，不讀紙本書。

電子書好還是紙本書好？常聽到有人這樣說：「電子書不符合我的習慣，沒有拿在手裡的質感，聞不到墨香，沒有翻書的過程，聽不到翻書的聲音，不能在上面圈圈點點，實在是很彆扭。而且，看電子書，萬一沒電了怎麼辦？」

這就是習慣。習慣是多年形成的讓自己感到舒適的行為。如果以「享受閱讀體驗」為目的，當然可以在一個陽光明媚的下午，在花香和墨香交融的後花園，捧一本小說，品一口咖啡，讀一段人生。但是，如果以「高效獲取知識」為目的，我個人建議改掉讀紙本書的習慣。讀電子書給我帶來很多明顯的好處。

首先，閱讀量提升。以前出差時，我會帶一兩本書放在行李箱裡。不但重，也不方便隨時閱讀。讀電子書，可以隨買隨看，既充分利用碎片時間，也大大提高了閱讀量。

其次，筆記可搜尋。在紙本書上做了很多筆記，然後滿足的把書放回書架。過一段時間，這些筆記可能就找不到了。在紙本書上做的筆記易存不易取。但用電子書做筆記就非常方便，而且電子書帶有搜尋功能，可以隨時查閱筆記。

最後，互動性加強。在電子書中，可以看到書中的某一句話被多少人標記過；可以看到其他讀者對這本書的評論；還可以把看書過程中所做的讀書筆記隨手分享到朋友圈，和朋友討論、互動，更深刻的理解這本書的內容。

如果讀書的目的是「高效獲取知識」，那就把紙本書當成個人癖好去享受，把電子書當成效率工具去掌握。

第二，選擇好的電子閱讀器。

推薦三個電子閱讀器：得到、多看閱讀和Kindle。這三個閱讀器各有特色，彼此補充，可以結合使用。

得到應用程式裡我最喜歡的功能之一是「每天聽本書」。坐車、走路、候機時，用二、三十分鐘的零散時間聽完一本書的解讀，非常高效，奠定了我一年兩百至三百本書的基礎涉獵量，極大的拓展了我的知識邊界。

如果聽到的某本書很值得精讀，我就會在多看閱讀上購買這本書的電子版，仔細閱讀。多看閱讀的閱讀體驗很不錯，尤其是這三個功能對我來說特別重要：語音朗讀全書、筆記自動同步、分享到朋友圈。筆記自動同步功能，可以把我標註的每一個句子，寫的每一條感悟，自動同步到Evernote。

有些書是得到、多看閱讀都沒有的，我會去亞馬遜購買。因為和出版社的密切合作關係，亞馬遜的電子書是最全的。亞馬遜更大的優點是電子墨水（E ink）閱讀器Kindle。Kindle的顯示原理和紙本書一樣，都是通過自然光反射閱讀，對眼睛有一定程度的保護。另外，在飛機上不能用手機，但可以用Kindle。

圖書最全，又不傷眼睛，為什麼不把Kindle列為首選電子閱讀器呢？這是因為在Kindle上做的筆記，不能自動同步到Evernote，更不容易分享到朋友圈。這是Kindle的一個遺憾。

組合使用得到、多看閱讀、Kindle這三個電子閱讀器，我每年的閱讀量至少是一百本書。

KEYPOINT

電子閱讀器

愈是在碎片化時代，愈是要系統性讀書。怎樣從書中高效獲取知識？我建議：能讀電子書，不讀紙本書；組合使用多種電子閱讀器，在得到上「每天聽本書」，利用多看閱讀的「語音朗讀全書、筆記自動同步、分享到朋友圈」，用Kindle在飛機上享受讀書的樂趣。

4. 利用軟體，幫助「蒐集籃」吃盡知識——知識管理

借助工具，從電子郵件、微信、微博、網頁新聞等一切地方蒐集有價值的知識，完全蒐集之後才能完善處理和完整回顧。

「讓大腦用來思考，而不是記事」這一節介紹了一套「蒐集、處理、回顧」的方法論：GTD（Get Things Done，完成每一件事）。在「蒐集」這一步，Evernote就相當於「大腦的外接隨身硬碟」，把什麼都往裡裝，從而清空大腦，再忙也不焦慮，專注於思考。

但是，這個「蒐集籃」聽上去很好，怎樣才能做到「什麼都往裡裝」呢？一份真實的紙本檔，怎樣才能放到虛擬的Evernote裡呢？還有名片、白板筆記、電子郵件、微信文章、網頁新聞，又怎麼放到Evernote裡呢？

想要用好GTD，「蒐集」是第一步，也是整個GTD的基礎。如果不能把「一切」都裝進蒐集籃，GTD會逐漸失去價值和意義。可是怎樣才能把「一切」

都裝進蒐集籃呢？下面介紹一些實用的工具。

第一，手機掃描程式。

想把供應商的紙本提案文件掃描進電腦，在出差途中看，怎麼辦？用掃描機？大部分中小公司，基本可以告別掃描機了。試試手機掃描工具。

我常用微軟的一款手機掃描軟體 Office Lens。打開 Office Lens，對準文檔，手機會自動識別文件邊界。點擊「拍照」，檔案會自動被抓取出來。

還有一款非常優秀的手機掃描軟體，叫「掃描全能王」。在辦公室、家裡、機場休息室，我都會在白板上記錄思考內容，怎樣才能把這些白板筆記放進蒐集籃呢？可以打開掃描全能王，對準白板，它會自動識別白板邊界。點擊「拍照」，就能看到把角度擺正、拉平、做過增強和銳化的白板圖。

Office Lens 會把所有掃描檔案自動同步到 OneNote，掃描全能王會把所有掃描檔案自動同步到 Evernote。

值得一提的是，Evernote 支持在圖片裡搜尋文字。比如，在 Evernote 裡搜尋「創新」這兩個字，剛剛從掃描全能王同步過來的白板圖就會顯示出來。而且，圖片中我手寫的非常潦草的「創新」兩個字，都會被螢光標記。

第二，名片識別軟體。

Evernote的高級用戶可以直接把Evernote當成名片識別軟體，把名片掃描進手機，同時存在Evernote和手機通訊錄中。

更神奇的是，如果這張名片的主人有領英（LinkedIn）帳戶，它會自動從領英帳戶獲取這個人的最新資訊，甚至可以掃描舊名片，獲得新資訊。

第三，其他各種蒐集器。

電子郵件怎麼蒐集呢？每個Evernote帳戶都有一個對應的郵件地址。收到電子郵件，把它轉發到對應的郵件地址，這封郵件就被放入蒐集籃了。如果覺得郵件位址不好記，可以建立一個名為「我的Evernote」的通訊錄，轉發郵件時抄送這個名字就可以了。

微信文章怎麼蒐集呢？在微信裡，搜尋並關注「我的Evernote」公眾號，按照提示把微信帳號和Evernote帳戶相關聯。以後看到值得收藏的文章，就可以一鍵放進Evernote了。

微博文章怎麼蒐集呢？也可以把微博帳號和Evernote相關聯。看到任何想收藏的微博，在這條微博下面留言「@我的Evernote」，這條微博就會自動同步到

Evernote 裡。

網頁新聞怎麼蒐集呢？可以在瀏覽器上裝一個「Evernote Web Clipper」的外掛程式，瀏覽網頁時，看到任何有價值的文章，一點圖標，就可以把這個網頁的內容剪藏到 Evernote。

這些資訊蒐集工具，目的都是為了讓蒐集籃開口足夠大，讓 Evernote（或者其他類似軟體）作為唯一的中心，管理所有的知識。完全蒐集之後，才能完善處理和完整回顧。

KEYPOINT

知識管理

怎樣才能把Evernote變為真正的知識管理工具呢？在「蒐集、處理、回顧」三步中，蒐集籃開口要足夠大，真正做到「大肚能容，吃盡線上線下所有知識」。怎麼做呢？可以用手機掃描軟體，掃描文件；用名片識別軟體，識別名片；用各種支援Evernote的外掛程式，從電子郵件、微信、微博、網站等一切地方蒐集知識。

5. 任何時候任何地點，通過任何設備開啟任何文件——雲端系統

把所有檔案存在雲端，是提高行動辦公效率，及時響應客戶需求的第一要義。這和把錢存銀行、帶著信用卡出門，是一個邏輯。

某員工在外面辦事，突然接到客戶電話：「你昨天發給我的報價文件打不開，再發一遍給我吧。」員工說：「好的。但我現在在外面，回到辦公室發給你可以嗎？」客戶說：「不行啊，待會兒要和老闆討論，爭取一次通過。」

可是，檔案不在手邊，手上的事又沒辦完，怎麼辦？

這種尷尬在很多人的工作中經常出現。為什麼只能「回到辦公室發給你」？因為檔案可能在辦公室電腦、筆記本電腦或某台行動設備上，這些設備就好像一座座孤島。這一點兒都不奇怪，在網路到來之前的IT時代，資訊主要都儲存在「孤島」上。

但到了行動上網時代，如果檔案還儲存在「孤島」上，就說不過去了。為了提高商業、管理、個人效率，應該嘗試一下早已如日中天的技術：雲端。

什麼是雲端？簡單來說，**雲端是指把數據託管在可信賴的、隨時隨地可存取的協力廠商。**

為什麼能隨時隨地接收電子郵件？這是因為郵件不在電腦和手機上，而是在某個「可信賴的、隨時隨地可存取的協力廠商」，也就是雲端上，比如微軟在香港的服務器。

Evernote 裡的內容存在哪兒？在手機裡嗎？在電腦裡嗎？都不是。手機和電腦上的 Evernote 軟體都只是查看蒐集籃的介面。這個蒐集籃其實儲存在北京的某個機房，也就是某朵雲端上。

下面介紹幾個常用的通過雲端來實現「隨時隨地開啟」的工具。

第一，隨時隨地開啟文件。

把所有檔案儲存在雲端，是提高行動辦公效率，及時響應客戶需求的第一要義。這和把錢存銀行，帶著信用卡出門，而不是藏在鞋墊下面，是一個邏輯。

我最常用的雲端儲存軟體是百度網盤。它可以在不需要人工作業的情況下，把所有設備上指定目錄的檔案自動同步到雲端。

比如，我的大部分錄音是在電腦上錄製的。錄製完成後，這份錄音就會自動同步到百度雲上。如果我在高鐵上，產品經理需要某一節課程的原始錄音，我用手機上的百度網盤找到這個錄音，在電話掛斷之前，這個檔案就發給他了。

同時，百度網盤也會隨時隨地把我隨手拍的照片、臨時錄音的思路，或者任何指定檔，自動同步到雲端。微軟的 OneDrive 或小米的雲端系統都能實現類似功能。

第二，隨時隨地開啟照片。

拍照的目的，不僅是發朋友圈，常常也是工作需要。把所有照片同步到雲端，可以解決至少兩個問題。

第一個問題是分享。我把手機上的所有照片設置為自動同步到小米雲端系統。比如我在南極旅行，拍了張很可愛的企鵝，這張照片就會自動同步到雲端上。我在雲端上建一個「父母相冊」，當我把這張照片移到「父母相冊」時，地球另一邊正在看小米電視的父母，就會收到「有一張新照片要不要看」的提示。用遙控器選擇「看」，就能用電視看到我幾秒鐘前拍的照片了。

第二個問題是識別。小米雲端系統可以自動對照片進行臉部識別。只要標記過一次這個人的名字，這個人所有的照片都會被自動標記。下次見面之前，在相簿裡搜一下對方的名字，就能看到他的所有照片。什麼時候見過面，一起參加過什麼活動，原來和另一個人也彼此認識，一目了然。聊天時自然就有話題了。iPhone 從 iOS10 開始，也有了臉部識別功能。

第三，隨時隨地登入一切。

除了檔、照片，還可以在對安全有充分認識的情況下，把一切需要的資料同步到雲端。比如簡訊、通訊錄、QQ聊天記錄、正在寫作的文檔等。

但是，便捷性和安全性永遠是需要平衡的統一體。每家公司都有自己的文件安全性原則，在把文件放上雲端，獲得便捷性的同時，一定要遵守公司的安全性要求。個人在使用雲端系統時，要對網路安全有清晰的認識。避免在所有網路平台用同一個用戶名和密碼，過分依賴雲端。

KEYPOINT

雲端系統

隨時隨地開啟檔案、照片和其他一切資料，將極大的提高商業、管理、個人的效率。可以用百度網盤同步檔，用小米雲端系統同步照片，用QQ同步助手同步簡訊、通訊錄等。

6. 人生百分之八十的問題，早就被人回答過——搜尋工具

搜尋能力是網路時代的必修技能。人生百分之八十的問題，早就被人回答過，只要搜尋就好，剩下百分之二十才需要研究。

有時我會在朋友圈、微博分享讀書感受，很多朋友會參與討論，非常有價值。直到我看到這樣的留言：請問這本書在哪兒買？我啞口無言。有時我心情好，會回兩個字：噹噹。這時，他會跟一句：可以給個購買連結嗎？不出意外的話，他已經被我封鎖了。

這樣的人，大多是網路時代的移民。在傳統時代，他們的資訊是通過「別人給」的方式獲得，比如讀報紙、看電視。但到了網路時代，面對海量的資訊，他們還沒有進化出「自己拿」的能力。

從「別人給」進化到「自己拿」的能力，就是搜尋能力。

過去二十年，微軟為了提高產品質量，鼓勵每個工程師解決問題後，按照「症

狀－原因－解決方案」的處方邏輯寫成文章，存入知識庫。這個知識庫有上百萬篇「處方」。微軟的工程師都被培訓過一種特殊技能，就是一邊與用戶通話，一邊在知識庫中搜尋，找到對症的「處方」。

「請打開事件檢視器，看看有沒有紅色的錯誤……有，好，請告訴我事件編號。」工程師一邊說，一邊在知識庫裡搜尋「事件編號」，找到兩百篇文章。

「請問你的產品版本是？」過濾出五十篇文章，眼睛一掃標題，大概是三類問題。

「你最近有沒有裝一款叫某某的軟體呢？」沒有？還有十篇。

「你最近做過……這項操作嗎？」也沒有？還有兩篇。迅速打開掃一眼「症狀－原因－解決方案」。

「你看看這個目錄，是不是清空了？是的。好，請你根據我的提示，做下面幾個操作……好了是嗎？沒問題，不客氣。感謝您致電微軟。」

這就是搜尋能力。人生中百分之八十的問題，早就被人回答過，只要搜尋就好，剩下的百分之二十才需要研究。

在網路時代，搜尋技能更為重要。怎樣才能從「伸手黨」進化為「搜尋高手」，獲得百分之八十的已知答案呢？

第一，掌握搜尋技巧。

最簡單的搜尋技巧，就是「－（減號）。比如搜尋「柯林頓」，但好幾頁都有關「陸文斯基」，那麼，搜尋「柯林頓－陸文斯基」，就可以搜到那些沒有陸文斯基的頁面了。

再比如搜尋減肥的相關內容，每個人的提法不同，有的叫瘦身，有的叫減重。怎麼辦？搜尋「減肥OR瘦身OR減重」，包含這三個詞之一的文章就都被搜出來了。

但這也太多了吧？在正文中提到這些詞的文章，都不是想看的，只有在標題中提到，比如「瘦身的二十五個方法」才是真正想看的。怎麼辦？搜尋「減肥OR瘦身OR intitle減重」。「intitle」的意思是：關鍵詞出現在標題中。這樣可以篩選掉關鍵詞沒有出現在標題中的文章。

再比如搜尋有關宇宙大爆炸的學術文獻。輸入「宇宙大爆炸」，各種八卦、新聞充斥螢幕。怎麼辦？很多學術文章的格式都是ＰＤＦ，可以搜「宇宙大爆炸 filetype：PDF」。這樣，只有包含「宇宙大爆炸」的ＰＤＦ檔才會出現。

第二，善用關鍵詞。

掌握搜尋工具的技巧，還不夠。真正「自己拿」的核心，是選對搜尋的關鍵詞。

有一天，我坐在布沙發上看書、喝茶，突然覺得茶杯放桌子上很不方便，要是能放在沙發扶手上就好了。可扶手是布的，如果有個托盤就好了。但不同沙發的扶手寬度不同，托盤如果能扣在扶手上就好了。我不知道這個世界上有沒有這樣的產品。怎麼辦？搜尋。

我打開淘寶網，在搜尋欄輸入「沙發 扶手 托架」，找到了材質為塑膠的產品。但這不是我想要的。我希望托盤的材質是木頭，於是我把關鍵詞改為「沙發 扶手 托架木」，找到了材質為木質的一款產品。

但這還不是我想要的。不同沙發扶手的大小不同，這款產品的寬度是固定的，無法隨機調節以適合不同大小的沙發扶手。但我因此知道了「沙發 扶手」是淘寶賣家對這一類產品的通稱。所以，我繼續修改關鍵詞為「沙發 扶手 木墊」。然後，與我腦海中設想的一模一樣的扶手出現在眼前，太神奇了。我立刻下了單。

從不知道有沒有這樣的產品，到最後買回辦公室，這完全依靠選擇、修改關鍵詞，利用搜尋工具。

KEYPOINT

搜尋工具

搜尋能力，是我們從傳統世界的「別人給」，進化到網路世界的「自己拿」，找到這個世界百分之八十已知答案的必修技能。怎麼提高搜尋能力呢？第一，熟練使用搜尋技巧，比如「-」、「OR」、「intitle」和「file type」等；第二，巧妙選擇、修改關鍵詞，不斷接近答案。

7. 把基本功耍得虎虎生風——郵件、日曆、通訊錄

郵件、日曆、通訊錄，是網路時代商務人士的戰馬、盔甲和長矛，一樣都不能丟。把它們用到極致，會擁有神奇的效率。

每次收到這樣的微信「對不起，我手機丟了，通訊錄都沒了。請把你的聯繫資訊發給我，謝謝。」我內心都會忍不住吐槽：手機丟了不要緊，通訊錄也能一起丟？郵件、日曆、通訊錄，是網路時代商務人士的戰馬、盔甲和長矛，一樣都不能丟。

拿起手機，我能立刻查到過去二十年每個人發給我的郵件，看到五千七百六十一個通訊錄的聯繫資訊，以及在十六年前的某個下午，幾點幾分，誰曾和我在哪兒開過多久的會，討論了什麼。

手機丟了？沒關係。買個新手機，花兩分鐘設置，五千七百六十一個通訊錄就全部回到了手機裡。一切資訊，在任何時間、任何地點，通過任何設備，都唾手可得。

怎麼做到的？下面講一講我的方法。

第一，郵件。

要記住兩點。

1、作為商務人士，千萬不要使用免費郵箱。名片上留QQ郵箱，非常不職業化。應該申請專門的公司郵件後綴，表明自己創業是認真的，企業是正規的。谷歌的郵箱後綴是google.com，騰訊的郵箱後綴是tencent.com，都不是免費郵箱。

2、保留所有歷史郵件。美國的《薩班斯法案》（*Sarbanes-Oxley Act*）要求在美上市公司保留電子郵件至少五年。我用它要求自己，保留了過去近二十年的郵件。通過搜尋，可以隨時、瞬間調取歷史郵件，提高溝通效率。

第二，日曆。

郵件存在「郵件服務器」，日曆、通訊錄同樣存在服務器。使用不提供雲端儲存的日曆、通訊錄工具，是一個必須改掉的壞習慣。

要把一切事情，都放進日曆。

有同事邀請你開會？請他用郵件發「會議邀請」，點擊「接受」，日曆中就會多出一條日程。

訂了航班，收到簡訊、郵件確認？把航班、飯店、信用卡還款資訊等，變成一條條日程，放進日曆。

想在週五下午閉關兩小時，專心思考？也加一條到日曆中。

我的時間顆粒度是三十分鐘，我會把所有占用時間的事放進日曆。當同事問我：「週三下午有半小時時間開會嗎？」我會立刻打開郵件客戶端查看日曆，然後回答：「兩點到三點可以，發個會議邀請給我。」收到邀請，我會把日程標為紅色。紅色表示重要且緊急的事，藍色表示重要但不緊急的事。

週三下午兩點快到了，提前十五分鐘，手機提醒我：十五分鐘後，在三樓會議室開會。

提醒非常重要。約了會議，把提醒設為提前十五分鐘；約了晚飯，設為提前一小時；訂了航班，設為提前兩小時；朋友生日，設為當天早上十點。

微軟的 Office 365 還可以請助理幫忙安排行程。清晨，手機響起，一則行程跳出：一．五小時後，司機來飯店接我去客戶辦公室。在這之前，我需要吃早餐、退房。退房時需要的發票抬頭、統編、司機電話、客戶通訊錄姓名、職位，都在這則日程中。

這就是日程管理，這就是效率。

第三，通訊錄。

從一九九八年開始，我堅持把通訊錄資訊都存在雲端，我的通訊錄現在已經有五千七百六十一人了。坦白說，我記不住每個人，但是通訊錄工具可以。很久沒聯繫的人給我打電話，我拿起手機就說：「某某某，好久不見啊。」他非常驚訝：「這麼久沒聯繫，你還記得我啊？」

使用通訊錄工具要注意以下幾點。

第一，輸入電話號碼時，一定要加上國別、區號。比如上海的固定電話：六一八八八八八八。在名片上這麼印電話的人沒有國際視野，我們在手機裡要把電話號碼存為「＋八六（二一）六一八八八八八八」。因為如果在美國，撥打六一八八八八八八，是撥不到上海的。

第二，有時看到名字想不起來是誰，怎麼辦？認識新朋友之後，可以和他合照，然後把他的頭像存入通訊錄。這樣，當他打來電話時，手機螢幕上就會出現他的照片。

第三，如果正好知道朋友生日，也把它記入通訊錄工具，輸入到「生日」條目。每年的這一天，就會有條「日程」是他的生日。再把提醒設為當天上午十點。提醒響起，就可以給朋友發生日祝福了。

第四，如果碰巧知道朋友的結婚紀念日、孩子生日，或者愛吃的食物，一切有關資訊，都可以存入通訊錄工具裡。下次想吃火鍋，在通訊錄裡一搜「火鍋」，同好就出現了。

把最基礎的「郵件、日曆、通訊錄」用到極致，會擁有神奇的效率。

KEYPOINT

郵件、日曆、通訊錄

1、使用商業郵箱，不使用免費郵箱；2、保留所有電子郵件，隨時可查；3、把一切事情放入日程；4、善用日程提醒功能；5、保存通訊錄的電話號碼時要帶國別、區號、照片；6、記住通訊錄的生日、結婚紀念日、孩子生日、愛好等相關資訊。

8. 如何避免與懶惰握手言和——協同軟體

借助Teambition等流水線一樣的協同軟體，可以讓所有人的個體進度服從整體進度，高效向前。

先來做個小小的復盤。

在某個會議上，執行長給負責產品的副總裁交代了一個任務：去德國考察。某天，執行長問副總裁進展如何，副總裁說：「啊？我正在忙質量改進的事，還沒空想這件事，真要去考察啊？」交代的事情，沒有下文，怎麼辦？

PDCA循環，可以避免石沉大海，以及拳頭打在棉花上的無力感。

老闆把目標分解成任務，把任務分配給員工。任務結束後，老闆對結果不滿意，要打分評估一下。滿分一分，老闆給員工打了〇．三分，但員工給自己打了〇．九分。為什麼會這樣？這是因為大家對任務和完成任務的標準認識不統一。怎麼辦？

SMART原則，可以砍掉模稜兩可，砍掉標準爭議，砍掉不切實際，砍掉無關目標，砍掉無限拖延，把「一千個人心中的一千個哈姆雷特」變成同一個。

某團隊負責人特別想自律，也特別想借助「他律」的方法，把最後期限作為第一生產力，一段一段的衝刺，但他和他的團隊總是與懶惰「握手言和」。怎麼辦？

Scrum方法，可以把一次漫長的長跑分割成一段段全力以赴的衝刺，通過流程提高效率。

某老闆學習了PDCA循環、SMART原則、Scrum方法之後，深受觸動，當下決定運用到自己的團隊管理中，但卻遲遲沒有行動。

為什麼會這樣？

工具分為兩種，一種是想用就用的「主動工具」，比如螺絲起子。想用就拿出來，不想用也可以不用。另一種是不用不行的「被動工具」，比如流水線。配件在傳送帶上一直往前走，無法叫停整體進度，唯有配合。

PDCA循環、SMART原則、Scrum方法，都是主動工具。只有把主動工具放到協同軟體這種流水線一樣的被動工具上，才能讓個體進度服從整體進度，高效向前。

下面介紹一款我正在使用的協同軟體 Teambition，以它為例，介紹協同軟體的價值。

第一，自動化的 PDCA 循環。

某團隊負責人突然有個想法，想安排員工去執行，可以用微信說一段語音，或寫兩句文字。但是，這樣做會有兩個風險：1、團隊負責人會忘掉；2、員工會忘掉。他們很可能都不會「主動」想起來。

那怎麼辦？在 Teambition 中，創建一個「任務」，設好 3W（Who do What by When），也就是：執行者、任務內容、截止時間。

員工收到「新任務提醒」後，可以把任務從「待處理」泳道拖到「進行中」泳道。「泳道」是協同軟體中的行話，意思是一個個步驟，就像游泳池的一條條獨立泳道。**所有任務，最終只能被完成，或者被取消，不能被忘掉。**

第二，強制化的 SMART 原則。

在 Teambition 或者類似的協同軟體中，都可以設定每個任務的截止時間，這就強制設定了 SMART 原則中的 T：Time based。

還可以在任務範本裡，專門定義 S-M-A-R 四個欄位，要求每一項任務都強制符合SMART原則，否則無法創建。

第三，可視化的Scrum方法。

在Scrum方法這一節中，我把辦公室的一面白板做成Scrum衝刺看板，團隊員工每天站在看板前，開十五分鐘的每日站立會。

協同軟體可以用軟體代替白板。用軟體替代白板最大的好處，是把Scrum的衝刺看板從人調整便簽的「主動工具」變成軟體提醒的「被動工具」。可視化程度和工作效率都會大大提高。

當然，除了Teambition，還有很多其他不錯的協同軟體，比如Trello、Worktile、Tower，都各有特色。團隊可以根據自己的情況，選擇使用。

使用協同軟體的目的，始終是提高團隊的協作效率。它可以解決至少五個問題：

1.、人工管理成本高，工作反饋延誤；

2.、口頭布置工作，理解不透徹，容易遺漏，無據可依，無法問責；

3、工作分解，多人執行，無法追蹤；

4、無法了解間接下屬的工作情況；

5、計畫趕不上變化，過程不可控。

KEYPOINT

協同軟體

PDCA循環、SMART原則、Scrum方法，這些工具都很有用。但是，只有把這些主動工具放到協同軟體這種流水線一樣的被動工具上，才能讓個體進度服從整體進度，高效向前。建議公司嘗試Teambition、Trello、Worktile、Tower等協同軟體，提升團隊的協作效率。

9. 如何高效的休息和運動——休息、運動

工作重要，生活重要，休息和運動也很重要。初級商業人士拚體能，中級商業人士拚技能，頂級商業人士又回到拚體能。

曾經有人問我：「你這麼忙，週末日程都安排得這麼滿，怎麼平衡工作和生活呢？」

在很多人看來，六點之前是工作，六點之後是生活；週五之前是工作，週六開始是生活。如果不能平衡，就會很累。

我的觀點可能大多數人未必同意。把工作放在生活的對立面時，希望工作和生活「平衡」；可是，把工作當成生活的一部分時，就會希望工作和生活「整合」。比如，有些人覺得看電影是生活，可是我覺得工作比看電影更生活。

這世上的事情，不分工作還是生活，只分喜歡做還是不喜歡做，值得做還是不值得做，有能力做還是沒能力做。把喜歡的、值得的、有能力做的事當成目標，把

賺錢當成結果，就會發現工作甜似生活，否則，生活苦如工作。

真正需要平衡的，不是工作和生活，而是工作、生活和它們的對立面——休息。工作辛苦，生活也很辛苦。感覺累的人，不是生活少了，而是休息少了。正如列寧所說：不懂休息的人，就不會工作。

下面介紹一下在繁忙的工作和生活中，我常用的幫助自己有效休息的工具。

第一，白噪音軟體。

充足的睡眠是最好的良藥。以前我每天能睡十到十二個小時。即便現在，我每天也能保證七到八個小時睡眠時間。

怎麼做到的呢？白噪音軟體對我有不小的幫助。

科學家發現，人類幾乎無法在零噪音的環境裡生存，有實驗表明，人類在消音房間裡待五分鐘，耳膜就會開始疼。那種均勻的、類似於電視雜訊音的白噪音，相對於特別安靜的環境來說，反而有助於放鬆和睡眠。

我常用的白噪音軟體叫Relaxio，裡面除了電視雜訊音之外，還有下雨、颳風、流水、火車、咖啡廳等日常環境噪音。當我在安靜的房間裡，聽著白噪音軟體模擬出來的電閃雷鳴和雨水打在窗戶上的劈哩啪啦聲，更容易放鬆下來，快速進入睡眠。

第二，眼罩＋降噪耳機。

在旅途中，尤其是在交通工具上，如何充分休息呢？

我每年出差的時間特別多。在飛機、高鐵、汽車上睡覺，是諮詢顧問的必備技能。在旅途中，營造黑夜環境，是入睡的要點。為了能在交通工具上快速入睡，並擁有高質量的睡眠，我會隨身攜帶一個眼罩，營造黑夜的氛圍。

這個眼罩比較特別，它一面印著「吃飯叫我」，另一面印著「吃飯別叫我」。至於哪一面朝外，看情況而定。

另外，我還會隨身帶幾片一次性蒸氣眼罩。眼罩打開後，能用比較舒服的溫度，自動發熱二十分鐘左右。

在「行動辦公」那一節裡提到過「主動降噪耳機」，戴上眼罩，戴上主動降噪耳機，耳機裡播放著泉水擊打碎石的叮咚聲，輕鬆入眠。

第三，跳繩。

更好的休息方式是運動。

張展暉在得到應用程式開設的課程「有效管理你的健康」裡提到，健身有四個目的：減肥、增加身體柔韌度、增大肌肉和訓練心肺功能。這四個目的中，最關乎健康的，其實是訓練心肺功能。

心肺功能相當於汽車的「排氣量」。排量五．〇的車，在高速公路上就比排量一．六的車性能更好，更有可操控性。同樣道理，心肺功能愈好的人，愈能輕鬆駕馭一天的工作。

訓練心肺功能，跑步、游泳是不錯的方式。但對於時間顆粒度極小的我來說，跑步、游泳的效率實在是太低了。

那怎麼辦呢？我做了不少研究，也請教了很多專家，最後選擇了從訓練心肺功能角度來看，效率更高的運動方式：跳繩。跳繩五分鐘，相當於慢跑半小時。姿勢正確的話，跳繩對膝蓋的傷害只有跑步的七分之一。

KEYPOINT

休息、運動

工作重要，生活重要，休息和運動也很重要。怎樣才能更好的休息和運動呢？推薦三個工具：1、白噪音軟體，幫助睡眠；2、眼罩、蒸氣眼罩、主動降噪耳機，幫助我們在旅途中休息；3、跳繩，高效訓練心肺功能，增加「排氣量」。

10. 君子性非異也，善假於物也——我的一天

很多提高效率的工具，買了之後一定要用起來，體會工具背後對效率孜孜矻矻的心態。君子性非異也，善假於物也。

使用提高效率的工具，要感受對效率孜孜矻矻的心態和「君子性非異也，善假於物也」的狀態。下面講講我的一天是如何借助這些工具，提高效率的。

早上七點，鬧鐘響起，新的一天開始了。我看了一眼手機裡的日曆——七點半有車來接我坐九點半的飛機去北京。

有三十分鐘的時間準備出門，這太寬裕了。我對智慧音響說：「播放『得到知識新聞』。」然後在新聞的陪伴下，洗漱、跳繩、吃早餐，準備出門。

上車之後，我用語音輸入法回覆《劉潤．五分鐘商學院》的留言。然後回覆微信、朋友圈、微博、郵件。還有時間，打開 Evernote，整理蒐集籃，把幾十條靈感、文字、語音等資料歸到「下一步行動」中。蒐集籃完全清空，差不多需要一小

時，車也到了虹橋機場。下車時，所有工作都安排完了，一身輕鬆。

因為是中國東方航空的白金卡用戶，我只用十分鐘就到了貴賓休息室。在用貴賓身分換來的昂貴的三十分鐘裡，我打算梳理一個新觀點。我拿出平板電腦，用手寫筆在上面畫起了模型。廣播響起，我的飛機準點登機了。我把模型存入Evernote，前往登機口。

上了飛機，我戴上主動降噪耳機，飛機的轟鳴聲隨之消失。打開Kindle閱讀器，用「快速閱讀法」，翻完四本最近想讀的書。這些書都很有見地，但核心觀點其實一篇文章也能講清楚。看完書後有點兒睏，我戴上眼罩，把「吃飯別叫我」那一面朝外，開始睡覺。

在飛機落地的震動中，我被搖醒了。看了一眼手腕上的智慧手環，今天我累計睡了八．五小時。達標！打開手機，日程提醒跳出來，告訴我接車司機的姓名、電話和車牌號。

上車後接到一個電話，是個多年沒見的老朋友。我從智慧手環上取下藍牙耳機，戴到耳朵上說：「張總，好久不見啊。」他說：「聽說你來北京了？晚上要不要聚聚啊？」我說：「稍等，我看下日程。」我用手機查完日程，說：「我的助理非常擅長把我的時間排得很滿。我最後一個會議是九點半結束。九點半我們在某某飯店聊一會兒？」他說：「好，一言為定。」

掛了電話，微信綁定的 Teambition 協同軟體提醒我，同事又給我安排了三項工作任務。我打開任務看板，看了下新任務，然後在日程裡鎖死幾個專門完成任務的時間。安排完工作，又回覆了幾條《劉潤．5分鐘商學院》的留言，就到了今天的活動會場。下車時，所有工作又都安排完了，一身輕鬆。

到達會場，主辦方為我準備了速食。我迅速吃完，進入主會場。

今天要和幾位我非常尊敬的嘉賓同臺演講。坐下來後，我拿出手機支架和摺疊藍牙鍵盤，連上手機，認真做筆記，並存到 Evernote 裡。受幾位嘉賓的啟發，我突然有了幾個靈感，迫不及待的把它們記錄下來，放入蒐集籃。

演講完畢，請我做顧問的客戶接我去晚宴。路上的一小時，和客戶討論項目進展。聊著聊著，我問：「你有沒有讀過最近的一份新零售分析報告？裡面的數據和洞察很有價值。」他說沒有。我拿出手機，打開百度網盤，把分析報告分享到客戶的微信。**所有資料都在手邊，隨時隨地可分享，極大提高了我們的溝通效率。**

到了晚宴現場，看到很多新老朋友。有個人和我聊天，但我心裡特別抱歉，想不起他叫什麼了。我說：「我們合張影吧。」拍完照後，手機立刻顯示出了他的姓名，並把我們以前的合影都列了出來。

晚飯後，我趕快回到房間，因為八點半有個電話會議。拿出藍牙音響，連上手機，放鬆的躺進沙發，對著房間開始說話，彼此聲音清晰，就像對方在房間裡一樣。沒輪到我發言時，我就拿出跳繩運動幾分鐘。

九點十五，手機提醒我，十五分鐘後要和老朋友見面。電話會議結束，我來到行政酒廊，點了杯可樂，等朋友來。他如約而至，我們一起回憶在微軟的崢嶸歲月，時而唏噓不已，時而哈哈大笑。

十點半，我已經躺在飯店的床上了。最後一次回覆《劉潤．5分鐘商學院》的留言，清空蒐集籃，看 Teambition 看板，刷朋友圈。所有的事情都已清空，一身輕鬆。為了保證睡眠，我設置了晚上十一點到早上七點的勿擾模式。不在白名單裡的電話，都不發亮、不響鈴、不振動。

到了十一點，我的手機自動進入「勿擾」狀態，整個世界都安靜了。我用藍牙音響放了十五分鐘雨水打在窗戶上的白噪音，甜甜的睡去。

充實但不焦慮的一天結束了。我不忙，我只是時間不夠。

KEYPOINT

善假於物

君子性非異也，善假於物也。利用提高效率的工具，可以從容的工作與生活，度過充實而不焦慮的一天。

筆記時間

第3篇

PART THREE

第八章

未來已來

商業世界，必須要有一個中心嗎——**去中心化**

未來會不會所有商品都免費——**零邊際成本社會**

未來的工作，會被人工智慧取代嗎——**人工智慧**

據說二〇四五年，「奇點」將要臨近——**奇點臨近**

如果能活一百二十歲，如何規劃人生——**基因技術**

1. 商業世界，必須要有一個中心嗎——去中心化

以前，中心化的「星狀結構」是組織資源的最有效結構。到了連接效率突飛猛進的網路時代，去中心化的「網狀結構」變得更加高效。

什麼叫「去中心化」？

現代社會因為食物、水、空氣的質量惡化，癌症發病率提高了。怎麼辦呢？可以去買重大疾病險，獲得金融保障。可除了買保險，還有什麼別的獲得保障的辦法嗎？

舉個例子，從《劉潤．5分鐘商學院》的十幾萬學員中，招募三萬會員，成立「五商互助社」。只要做出「這三萬會員中萬一有人不幸得了癌症，我就給他捐十元」的承諾，就可以成為會員。從做出承諾的那天算起，經過一年觀察期，就擁有了被捐助的資格。為什麼觀察期要一年？這是為了避免有些投機者只想接受捐助，不想捐助別人。

一年後，所有人都過了觀察期。這時候，一個人很不幸得了癌症。我請每個人

直接給他捐十元。不要把錢捐給「五商互助社」，因為即使再少的錢，只要超過兩百人，就可能被定性為「非法集資」。所以，直接把錢捐給這個不幸的人，「五商互助社」只是組織大家互助。

我相信大部分人都是會捐這十元的。一是因為有愛心，二是因為如果不捐，就會失去被捐助的資格。有人說：我忘了自己捐沒捐，我想再加入。可以，請再等一年觀察期。

三萬會員，每人捐十元，就是三十萬元。生病的人拿著三十萬元去治病，「五商互助社」再次進入等待下一個被捐助者的狀態。

從金融的角度看，這就是保險。**保險的本質，就是把小機率事件的高風險，在一群人身上平攤掉**。在過去，這件事情因為組織效率的原因，特別困難。於是就出現了一個「中心化」組織——保險公司。不用平攤風險，把錢交給保險公司，遇到問題，由保險公司來賠償。

但是，這麼大的保險公司要維持運轉，必然要吃掉一部分保費，只能把剩下的部分賠付給不幸者。很多保險公司的「賠付率」不到用戶繳納保費的百分之五十。

再回來看看「五商互助社」，會員捐助的三十萬元，一分錢都沒有損耗，全都給了需要幫助的人，賠付率是百分之百。「五商互助社」為什麼能做到百分之百？是因為它充分利用網路的連接效率，去掉了一切中間環節，實現了「去中心化」。

談到「去中心化」，就不能不談「區塊鏈」和「比特幣」。

很多人聽到區塊鏈就頭疼，還有很多人認為區塊鏈是金融科技。不少金融從業者對區塊鏈也是一頭霧水。大部分人只需要理解，區塊鏈對商業世界的本質價值是去中心化。比特幣就是基於區塊鏈技術的去中心化的「貨幣」。

以後別人再問什麼叫區塊鏈，可以這麼回答：區塊鏈就是一種分布式記帳技術。假如對方追問什麼叫分布式記帳技術，可以這麼回答：過去，我們的存款數目是存在銀行帳戶這個中心化數據庫裡的。區塊鏈就是把存款數目通過網路記錄在無數獨立的電腦上，並通過密碼使它不可被竄改，從而讓中心消失，提高效率，甚至降低了中心想騙錢的道德風險。

那什麼是比特幣呢？今天的貨幣是由各國央行，也就是一個中心化機構來發行的。比特幣是基於區塊鏈技術的貨幣，是一個沒有央行的貨幣系統，雖然它並不被大多數國家認可。

不管是區塊鏈，還是比特幣，其本質都是去中心化。

KEYPOINT

去中心化

在連接效率不高的時代，中心化的「星狀結構」，是組織資源的最有效結構，但到了連接效率突飛猛進的網路時代，去中心化的「網狀結構」逐漸變得更加高效。愈來愈多的商業模式建立在去中心化的架構基礎，甚至是哲學基礎上，比如區塊鏈、比特幣。

2. 未來會不會所有商品都免費——零邊際成本社會

隨著科技的發展，商品的邊際成本會愈來愈低，最終幾乎為零。這將導致物質極大豐富，商品愈來愈便宜，人類財富爆發式增長。

邊際成本，就是每多生產或每多賣一件產品，所帶來的總成本的增加。

比如，一位歌手在某個節目裡唱了一首歌。唱這首歌的邊際成本很高，因為歌手為此付出了一整天，加上來回路程、排練，可能要兩三天的時間。因此，他期待獲得不菲的報酬。

接著，歌手把這首歌灌製成唱片，沒想到賣了一萬張。一首歌被一萬人聽到，但歌手並沒有因此唱一萬遍。對歌手來說，多一個人聽到這首歌，所增加的總成本只是一張唱片的製造成本。而聽到歌手同樣的歌聲，每個聽眾付的錢也大大減少。

最後，歌手乾脆把這首歌放在網路上供聽眾下載，邊際成本幾乎為零。歌手的歌瞬間被一百萬人下載、收聽。這時，因為幾乎沒有成本，聽眾只需付極少的錢。

從現場唱歌，到灌製唱片，到網路下載，聽眾聽歌手唱歌的邊際成本愈來愈低，商品的價格也因此愈來愈便宜。

其實，**整個工業革命就是一場降低邊際成本的革命**。機器人技術、流水線管理，都在為降低邊際成本而努力。設備、機器人不斷取代人的體力勞動，導致商品愈來愈便宜，人類財富爆發式增長。

照此發展，未來會不會有愈來愈多的產品，甚至整個人類生產的所有產品的邊際成本，全都降為零，從而進入一個「零邊際成本社會」呢？所有產品的邊際成本為零，會不會使所有商品都免費呢？所有商品都免費了，那我們一直期待的「各盡所能，各取所需」的物質極大豐富的時代會不會華麗的來臨，而商品經濟就此消失了呢？

《第三次工業革命》（*The Third Industrial Revolution: How Lateral Power Is Transforming Energy, the Economy, and the World*）的作者傑瑞米・里夫金（Jeremy Rifkin）專門寫過一本書《物聯網革命》（*The Zero Marginal Cost Society: The Internet of Things, the Collaborative Commons, and the Eclipse of Capitalism*），描述他推測的未來。他認為，第三次工業革命正在終結製造業和服務業中的大多數有償勞動，以及知識領域內

的很大一部分專業性有償勞動。

有的人還是不敢相信體力勞動可以被機器取代，因此邊際成本降低，商品愈來愈便宜。即使體力勞動被機器取代，腦力勞動應該無法被取代吧？人類用腦力勞動創造商品的邊際成本，也就是時間成本，應該不會便宜到免費吧？

著名暢銷書《人類大歷史》（*Sapiens: A Brief History of Humankind*）和《人類大命運》（*Homo Deus The Brief History of Tomorrow*）的作者哈拉瑞（Yuval Noah Harari）說：「體力勞動已經被機器取代，大家覺得還有腦力，於是所有人轉型做白領。但現在，人工智慧出現了，腦力勞動可能也要被取代了。」

舉個例子，美國摩根大通銀行過去每年購買三十萬小時的律師服務，幫助他們審核貸款合約，降低風險。但是，最近他們開始使用COIN公司的人工智慧律師服務，律師要花三十萬小時審完的合約，人工智慧幾秒鐘就審完了，而且對風險把握得更準確。也就是說，最典型的靠腦力勞動創造價值的律師，也要被取代了。

當體力勞動和腦力勞動都被取代時，物質極大豐富的零邊際成本社會可能真的會到來。那個時候，人類不需要工作，只管消費。即使工作也是添亂，效率太低。

如果那一天真的到來，我們該如何應對呢？

我們將被迫重新理解商業的本質。勞動有兩個作用：創造財富和分配財富。如果以後人類不需要通過勞動創造財富，財富該如何分配呢？按需分配嗎？甘地曾說過：「地球可以滿足每個人的需要，但不能滿足他們的貪婪之心。」再多的財富，在貪婪、攀比之下，都是不夠分的。分配財富，可能是未來商業社會存在的第一目的。

未來的人類社會，可能會創造出一種計算機模擬的「虛擬勞動」，人們在電腦裡創造虛擬財富，通過競爭獲得積分，然後根據積分高低，分配實際財富。

KEYPOINT

零邊際成本社會

零邊際成本社會，就是隨著科技的發展，商品的邊際成本愈來愈低，最終幾乎為零。這可能導致所有商品都將免費，商業社會的基本功能從創造財富和分配財富，變為只需要分配財富。

3. 未來的工作，會被人工智慧取代嗎——人工智慧

人工智慧在語音識別、視覺識別、數據挖掘和機器學習這四個方面的技術已經飛速發展，這對我們來說，既是挑戰，也是商業機遇。

一說到人工智慧，第一個問題就是：人工智慧到底會不會毀滅人類？先不回答這個問題，讓我們來討論一下讓人驚喜也讓人驚恐的人工智慧，到底將如何影響商業世界。

現階段的人工智慧，主要指四件事：語音識別、視覺識別、數據挖掘和機器學習。

語音識別，目前已經普遍使用。科大訊飛的語音輸入法，可以每分鐘輸入四百個漢字，準確率極高，幾乎可以取代速記員。加上機器翻譯，就可以取代同聲傳譯。

視覺識別也愈來愈普遍了。「雲端系統」這一節講過用人臉識別工具將照片分類存放。其實，視覺識別遠遠不止識別人臉，比如輸入「海邊」，它還能找出所有海邊的照片。無人駕駛技術，就嚴重依賴視覺識別。

數據挖掘，就是從已有數據中提取出模型。其中一個經典案例就是沃爾瑪通過數

據挖掘，找到了啤酒和尿片銷量的正相關性，把這兩樣商品放在一起，提高了銷量。

機器學習就更厲害了。人工智慧發展如此迅速，大部分功勞要歸它。AlphaGo（圍棋人工智慧程式）在二〇一六年的人機圍棋大戰中贏了李世乭，在二〇一七年贏了柯潔，這要歸功於它每天自我對弈一百萬盤，進步神速的機器學習能力。

很多人擔心，未來也許有一天人工智慧的智商會超越人類。網上流傳這樣一段描述，文藝而令人毛骨悚然：人類唯一戰勝 AlphaGo 的那個寒夜，疲憊的李世乭早早睡下。世界在慌亂中恢復矜持，以為不過是一場虛驚。然而在長夜中，AlphaGo 又和自己下了一百萬盤棋。是的，一百萬盤。第二天太陽升起，AlphaGo 已變成完全不同的存在，可李世乭依舊是李世乭。從此之後，人類再無機會。

李開復在《人工智慧來了》這本書中說：有這樣擔憂的人，過於樂觀的認為科技會永遠呈指數型發展，而忽視了必將遇到的重大瓶頸。**與其擔憂人類是否會滅絕，不如擔憂我們的工作會不會被取代，以及如何在別人憂心忡忡時，抓住商業機遇。**

我非常認同這個觀點。那麼，哪些工作有可能被取代呢？或者反過來說，我們應該運用人工智慧，取代哪些人類做起來低效的事，從而創造巨大的商業機會呢？

第一，金融。

二〇一六年十二月，高盛公司發布報告說，據保守估計，到二〇二五年，機器學習和人工智慧將通過節省成本和帶來新的盈利機會，創造每年三百四十億至四百三十億美元的價值。

在金融分析師們自我安慰「在人工智慧和人類一樣聰明之前，金融業不會被攻陷」時，美國一家公司已經開始利用人工智慧，每天早上八點三十五分給高盛的員工提供自動化投資分析報告了。

當有些金融機構還要用戶到櫃檯辦理各種煩瑣手續時，螞蟻金服已經開始利用人臉識別進行遠程身分驗證了。

當很多銀行還在僱用大量員工接聽客戶電話時，有些先行者已經開始提供人工智慧客服，大幅度降低成本了。

第二，醫療。

IBM利用其著名的人工智慧系統Watson輔助癌症研究。Watson在一週時間內閱讀了兩千五百篇醫學論文，為三百多位病人找到了連醫生都束手無策的醫療方法。

人工智慧在X光片識別、準確診斷、個性化醫療，甚至手術上，都有巨大的發展空間。

第三，生活。

不久的將來，機器翻譯會方便到不再需要學習外語；人臉識別能做到瞬間識別幾十萬張人臉，大面積尋找走失兒童變得輕而易舉；語音智慧助手能做出比我們更懂自己的決策。

李開復提出了一個「五秒鐘原則」：大部分人類需要思考五秒鐘以下的事情，都可以由人工智慧代勞。也許所有這些事情，在未來都是巨大的商業機會。

那麼，有哪些事情是人工智慧做不到的呢？

以下七個領域，人工智慧在可預見的未來很難超越，人類還可以暫時領先：1、跨領域推理；2、抽象能力；3、知其然，也知其所以然；4、常識；5、自我意識；6、審美；7、情感。

KEYPOINT

人工智慧

現階段，人工智慧有四個方面：語音識別、視覺識別、數據挖掘和機器學習。這些突飛猛進的技術，在金融、醫療以及生活的各方面，給我們帶來了巨大的不確定性。這些不確定性，是挑戰，也是商業的機遇。

4. 據說二〇四五年，「奇點」將要臨近——奇點臨近

商業模式是為科技而生的，今天，科技讓生活方式發生了翻天覆地的改變，商業人士一定要關注科技，才能抓住機遇。

在科學家們眼中，人類最遠的未來是什麼樣的？說到「人類最遠的未來」，就不得不提一個人：雷·庫茲威爾（Ray Kurzweil）。這個「最遠的未來」有多遠呢？庫茲威爾認為，大概就在二〇四五年。

庫茲威爾是谷歌公司的工程總監，美國國家科技獎章獲得者、世界最重要的發明獎 Lemelson MIT（勒梅森—麻省理工全球創新獎）獲得者，被《*Inc.*》雜誌稱為「愛迪生的法定繼承人」，被《福布斯》（*Forbes*）雜誌稱為「最終的思考機器」，擁有十三項榮譽博士頭銜。那麼，庫茲威爾到底說了什麼呢？

業界把人工智慧按照先進程度，分為三種：弱人工智慧、強人工智慧和超級人工智慧。在圍棋人機大戰中贏了李世乭和柯潔的 AlphaGo，是弱人工智慧。雖然它

很強大，但其實只能在特定領域、既定規則中表現出強大的智能。讓它預測股市，它就做不到了。什麼是強人工智慧呢？強人工智慧不受領域、規則限制，只要是人能幹的事情，它都能幹。也就是說，強人工智慧才是真正的人工智慧。那麼超級人工智慧呢？就是遠遠超越人類的智慧。

科學家們其實對弱人工智慧有多強大，毫無爭議。有爭議的地方在於：強人工智慧，到底會不會出現？

庫茲威爾因此提出了著名的「奇點理論」。他認為，**科技的發展是符合冪次分布的**。前期發展緩慢，後期愈來愈快，直到爆發。

他舉了很多例子。一百多年前，萊特兄弟發明了飛機，而今天人類已經開始進行火星移民計畫了；七十多年前，人類發明了第一台計算機，占地約一百四十平方公尺，每秒計算五千次，而今天戴在手腕上的蘋果手錶，計算速度都比它快十幾萬倍。我們明顯能夠感覺到，世界的變化愈來愈快。庫茲威爾說，別擔心，變化還會更快。變化愈來愈快，最終達到一個爆發的極點，在數學上就叫作「奇點」。他為此專門寫了一本書，叫作《奇點臨近》（*The Singularity Is Near: When Humans Transcend Biology*）。

這個正在臨近的「奇點」，到底什麼時候會到來呢？庫茲威爾認為是二〇四五年。為什麼是二〇四五年？因為庫茲威爾認為，以冪次式的加速度發展，二〇四五年，強人工智慧終會出現。人工智慧花了幾十年時間，終於達到了幼兒智力水準。然後，在到達這個節點一小時後，電腦立刻推導出了愛因斯坦的相對論；而在這之後一個半小時，強人工智慧變成了超級人工智慧，智慧瞬間達到普通人類的十七萬倍。這就是改變人類的「奇點」。

庫茲威爾把如此大的威脅放在了離人類如此近的未來，「奇點理論」毫不意外的引起了軒然大波。

反對者認為，庫茲威爾犯了一個巨大的錯誤，就是認為科技總是加速發展的，但事實上，技術發展有極限，到了一定程度就會停止。比如著名的摩爾定律（Moore's law）：晶片的計算力每十八個月翻一倍，價格降一半。這個定律左右了科技界很多年，但近幾年也因為物理極限，開始放慢更新速度。庫茲威爾辯解說，摩爾定律是用老技術解決新問題，未來會有劃時代的技術突破舊技術的瓶頸，跨越極限。比如量子計算機的出現。

庫茲威爾也有很多支持者。比如這個世界上最聰明的人史蒂芬・霍金（Stephen

William Hawking）、最有錢的人比爾·蓋茨，以及最酷的人伊隆·馬斯克（Elon Musk）。

總之，今天的世界，頂級菁英們為了人類的未來，忙得不可開交。

二〇四五年，到底奇點會不會來臨，到底人類會不會把自己的文明拱手讓給人工智慧？對普通人來說，實在是太遙遠的話題。

那我們應該做些什麼？

第一，保持健康。

庫茲威爾每天要吃一百五十顆藥片，就是要保證自己的生命可以健康延續到二〇四五年，見證奇點來臨，那時也許已經出現可以大大延長人類壽命的方法。作為普通人，我們也要保持健康，見證這個偉大的時代。

第二，關注科技。

商業模式為科技而生。過去因為環境變化不大，我們研究的都是相對競爭關係。今天，科技使生活方式發生翻天覆地的改變，商業人士一定要關注科技，才能抓住機遇。

KEYPOINT

奇點臨近

人類的生存問題和「奇點臨近」的話題雖然離我們很遙遠，但當這麼多頂級菁英都在討論這個問題時，作為普通人的我們，也許至少應該了解它，甚至關注它。

5. 如果能活一百二十歲，如何規劃人生——基因技術

基因技術的發展，很有可能會讓人類壽命大幅度延長，過去的知識和經驗必將變得幾乎毫無價值，唯有不斷學習，才是唯一正確的策略。

科技，尤其是人工智慧，正在極大的改變世界。但是，人類在這場比拚中，註定必敗無疑嗎？我們必須祈禱，強人工智慧帶著善意降臨嗎？

同樣是放眼未來，有的科學家主張關注人類自身，活得好、活得久才最重要，萬一強人工智慧沒有來呢？

生命科學家、華大基因的創始人汪建說，未來是生命科學的未來。人類基因科技的「存、讀、寫」技術已經愈來愈發達。隨著對出生缺陷的預防、腫瘤基因的戰勝，人類的壽命將會愈來愈長。少關注人工，多關注人生。

加州大學等機構的研究顯示，從一八四〇年開始，人類的平均壽命就在以每年多活三個月的速度遞增。也就是說，每十年人類就可以多活二到三歲。從二〇〇一

年到二〇一五年，人類增加的平均壽命超過了五歲。據此計算，一個二〇〇七年出生的人，活到一〇四歲的機率是百分之五十。聽上去很令人鼓舞。可是，這對商業世界意味著什麼呢？這意味著，也許在不久的將來，必須從更大的格局重新規劃商業布局，尤其要關注以下幾個趨勢。

第一，人類的生命週期愈來愈長。

我們過去的人生，基本分為三個階段。從六歲到二十二歲的十六年，是第一階段，用來讀書；從二十二歲到六十歲的三十八年，是第二階段，用來工作；從六十歲到百年，是第三階段，用來養老。今天中國人的平均壽命是七十六歲，也就是說平均養老時間為十六年。

十六年讀書、三十八年工作、十六年養老，這就是「人生三段論」。但是，這樣的人生三段論，建立在人類平均壽命七十六歲的前提下。如果未來人類的平均壽命變為一百二十歲，六十歲退休，六十年養老，工作三十八年賺的錢養得起自己嗎？

所以，未來的人一定不會六十歲退休。那會是多少歲呢？北京已經開始試點延遲退休了。據說社科院有專家建議，未來每三年延遲退休一年。照此計算，假如一個人在二〇一七年是四十歲，要到三十年後，也就是七十歲才能退休（不知道那時候人工智慧占領地球沒有）。七十歲退休，意味著工作四十八年，退休五十年，也未必養得起自己。

未來人生很可能不是「三段論」。《百歲人生》（*The 100-Year Life*）的作者琳達・格拉頓（Lynda Gratton）和安德魯・斯科特（Andrew Scott）說：未來我們很可能擁有的，是多段人生。讀書一段時間，工作一段時間，再讀書一段時間，再工作一段時間。

第二，產業的生命週期愈來愈短。

第一次工業革命以蒸汽機的發明為標誌，但是蒸汽機被大規模使用已經是四十年後了。這四十年時間裡，一個人完整的職業生涯從開始走到結束，其實相當漫長。我們今天看來，覺得那是歷史巨變，可是當時的人也許毫無感覺。

今天，產業變革的速度愈來愈快。網路興起才二十年，行動上網興起才五年，世界就已經天翻地覆。以後的變化，可能會愈來愈快。

未來，人類的生命週期愈來愈長，產業的生命週期愈來愈短。這將帶來一個結果：我們這一代人，將成為第一批在職業生涯中不得不徹底變換行業的一代人；我們這一代人，將成為第一批大學所學註定某天將變得幾乎毫無用處，必須重新學習的一代人。也就是說，我們將經歷幾段完全不同的商業人生。

未來的大學課堂，可能坐著二十歲的孩子、四十歲的回鍋者，還有六十歲、八十歲的第三次、第四次回鍋者。以後再也不會有二十歲的同學迷茫的問：我學什麼專業，以後才能找到穩定的工作呢？看看旁邊比自己大六十歲的同學就知道，這個世界上再也沒有穩定的工作。唯有不斷學習，才是唯一正確的策略。多段式人生，會讓害怕改變或者不願改變的人無處可逃。

KEYPOINT

基因技術

基因技術的發展，很大機率會讓人類的壽命大幅度延長。生命科學家告訴我們，「百歲人生」也許比人工智慧占領地球更加現實。但是，人類的生命週期愈來愈長，產業的生命週期愈來愈短，這很可能導致我們的人生從三段式變為多段式。我們過去的知識和經驗，必將變得幾乎毫無價值，唯有不斷學習，才是唯一正確的策略。

筆記時間

第九章

過去未去

商業世界的左腳右腳，一步一步從不踏空——**商業篇總結**

策略大於組織，組織大於人，一錯全錯——**管理篇總結**

所有問題，最終都是個人的問題——**個人篇總結**

不要做裝備派，要做裝備精良的實力派——**工具篇總結**

從基本功到格鬥術——**系列總結**

1. 商業世界的左腳右腳，一步一步從不踏空——商業篇總結

創造價值和傳遞價值，就是商業世界的左腳和右腳。創造價值，是用創新的方法提高定價權；傳遞價值，是用效率的手段降低定倍率。

商業篇到底講了什麼？下面用兩大邏輯，重新提煉一下。

第一，創造價值，就是用創新的方法，提高訂價權。

定倍率一定要很低嗎？一百元成本的東西，就一定不能賣一萬元嗎？可以，但是必須要有創新。所謂創新，就是「人無我有，人有我優」。

人無我有，就是科技創新。人工智慧就屬於此類。美國摩根大通銀行每年要購買三十萬小時的律師服務來審核貸款合約，需要一百五十個律師花一年的時間。現在 COIN 公司提供人工智慧文書律師服務，幾秒鐘就能完成律師要花三十萬小時做的事情。那該怎麼收費呢？只要比一百五十個律師一年的費用便宜，理論上就可以。相對於人工智慧的計算成本來說，定倍率可能是幾萬倍。但是，人工智慧就可

以這麼收費，因為普通的律師做不到。

人有我優，就是工匠精神。為什麼美國、日本、德國有工匠精神？這些國家的GDP每年只增長百分之一至百分之二，競爭極其慘烈，順勢成長已經沒有機會了，只有把產品做好，才有一席之地。現在中國的GDP增長率回落到百分之六至百分之七，人們也愈來愈重視工匠精神。

創造價值，過去是把產品做出來，現在是把產品做好。創造價值，就是用創新的方法，提高訂價權。

第二，傳遞價值，就是利用效率的手段，降低定倍率。

海爾做冰箱，是創造價值；蘇寧賣冰箱，是傳遞價值。商業邏輯，落實到傳遞價值，無外乎就是資訊流、現金流和物流的萬千組合。

什麼叫資訊流、現金流、物流？

一個人去商場買襯衫，看著料子挺好，摸著質地不錯，價格可以接受，試穿也挺合身。他對服務員說：「請幫我包起來。」一通過這一系列體驗，顧客獲得了資訊流。然後服務員開單，顧客去收銀臺交錢，這是現金流。最後把衣服拎回家，這是物流。

傳遞價值，就是在傳遞這三件事：資訊流、現金流和物流。理解了這個邏輯，再來看商業世界的很多新現象，就會豁然開朗。

比如阿里巴巴在某年三月八日做的「三八掃碼購」。顧客拿著手機去家樂福、沃爾瑪，看到商品就掃，會發現網上更便宜。把商品加入手機購物車，在手機上點「下單」，空手走出超市。家樂福、沃爾瑪提供了資訊流，支付寶提供了現金流，而順豐、圓通提供了物流。顧客在超市免費體驗了商品，錢卻付給了阿里巴巴。

從商業本質來看，線下超市在過去之所以用巨額成本租場地、僱員工、免費提供資訊流，就是因為它能鎖定現金流和物流，從這兩件事上賺錢。但現在，這三件事可以分開來幹，超市的商業邏輯就被打破了。

怎麼辦呢？

未來的線下零售，通過提供免費的資訊流，最終從現金流、物流裡賺錢，估計會愈來愈難。一雙鞋子，顧客試完後問：多少錢？兩千元？網上只賣一千兩百元。這雙鞋無法在線下店鋪賣一千兩百元，是因為線下店鋪有租金、水電、人工的成本，而線上店鋪可能不存在這些成本。

理解了傳遞價值的本質，可以推測，未來愈來愈多線下店鋪將不再是代理商開的，而是品牌商開的。覺得貴？沒關係，上網買。反正在線下買或者網上買，都是這個品牌的。

再看看現在比較熱門的「無人超市」。無人超市用同樣高的成本展示商品，提供資訊流；商品還需要顧客自己拿回家，物流也沒變；只是沒有收銀員和導購員。看起來似乎提高了效率，但因為沒有導購員，可能會增加貨物重新擺放、損耗、丟失的成本。它並沒有明顯提高資訊流、現金流和物流的效率。所以，無人超市只是一種有趣的零售，並不是更高效率的零售。

理解了「傳遞價值，就是利用效率的手段，降低定倍率」後，我們應該就能理解，新零售就是更高效率的零售。

KEYPOINT

商業篇總結

整個商業篇，用一句話總結就是：創造價值，是用創新的方法，提高訂價權；傳遞價值，是用效率的手段，降低定倍率。創造價值和傳遞價值，就是商業世界的左腳和右腳，一步一步永不踏空。

2. 策略大於組織，組織大於人，一錯全錯——管理篇總結

所有企業與員工，本質上都是一種合夥關係。激勵員工，就是圍繞薪資、獎金、股權、價值觀這幾點，不斷調整利益分配形式。

管理篇有兩個核心。

第一，所有企業與員工，本質都是合夥關係。

企業與員工是僱傭關係，員工拿小薪資，老闆賺大利潤。實際上，僱傭關係也是一種形式的「合夥關係」。

金融市場中，有種分級基金叫「優先劣後」。什麼意思？一個人出一千萬元，另一個人出三千萬元，共同成立基金。如果虧了，先虧一個人的一千萬元，不虧另一個人的錢；如果這一千萬元都虧完了，可以選擇關閉基金，把三千萬元還給另一個人。但反過來，如果賺錢了，百分之八以內的收益歸出三千萬元的人，超過百分之八的部分由出一千萬元的人都拿走。也就是說，不承擔風險，收益也因此封頂。

優先劣後，享受可能風險帶來的可能收益，即是一種合夥關係。

僱傭關係不僅是企業與員工的關係，也是資本與人才的關係。這種關係，根據貢獻大小和風險程度，有幾種不同的利益分配形式。

薪資。薪資是用固定的價格支付員工的工作時間，責任愈大，薪資愈高，員工不能跟老闆談賺了錢後能分多少，因為老闆一次性全買斷了。薪資，就是優先劣後的合夥關係。老闆虧錢也要發薪資。

獎金。獎金的本質是有彈性的薪資，是對超出預期擔負責任的追償。員工本來一天裝配三十個手機，結果裝配了四十個，老闆因此給員工多發點錢，這就是獎金。獎金的本質還是薪資，是補發薪資。人才超額完成業績，資本一定要發獎金，這種公平性，可以激勵員工賣力。

股權。股權有很多形式，比如分紅權、期權，或者股票。股權的本質，是種「利潤分成制」。它是基於利益的合夥關係的最高形式。公司應該怎麼營運？未來效益如何？老闆不知道，員工也不知道。怎麼辦？大家共擔風險，共用收益。員工拿低一點兒的薪資，但如果未來公司賺大錢，有老闆的，也有員工的。

除了基於利益的三種合夥關係——薪資、獎金、股權外，還有一種基於夢想的合夥關係，那就是「價值觀」。去做一件特別嚮往的事，一件即使沒有錢賺，即使被阻攔，也要去做的事，這件事就叫「價值觀」。薪資、獎金、股票可以激勵員工賣力，價值觀可以激勵員工賣命。

所以，**企業與員工，或者說資本與人才之間，本質上是一種合夥關係**。僱傭關係，只不過是合夥關係的一種形式。激勵員工，就是圍繞這四點，不斷調整相互的比重。

第二，一切管理問題的思考順序都是：策略—組織—人。

人，是一切管理問題的根本。但恰恰因此，在思考管理問題時，人通常是最後才應該考慮的因素。一切管理問題的思考順序都是：策略—組織—人。

常有管理者抱怨員工沒有責任心、沒有主人翁意識、沒有創業精神、沒有夢想。但是，員工真的沒有嗎？

我們曾經講過韓都衣舍的案例。衣服不好賣，設計、生產、電商三個部門互相推諉責任。現在，從設計、生產、電商部門中各抽出一人，組成「三人小組」，用「聯邦分權制」讓小組對最終結果負責。三大職能部門被拆分為兩百八十多個小組，按利潤與公司分配利益，所有人立刻像打了雞血一樣。同樣的人，放在不同的組織結構之下，行為可能會完全不一樣。這就是組織大於人。

但是，好的組織形式就一定能獲得巨大成功嗎？

我們曾經講過零時尚服裝零售公司的案例。這家公司在各地開加盟店，組織設計已經很精良了，但發展速度還是不夠快。後來，公司調整策略，關閉加盟店，只和美容院合作，為常客根據身材、喜好搭配好衣服，送到美容院請顧客試穿，沒想到效果出奇的好。所有的組織形態立刻隨之調整，發展突飛猛進。這就是策略大於組織。

策略大於組織，組織大於人。無論哪一步錯了，都會全盤皆錯。

KEYPOINT

管理篇總結

管理篇的兩個核心是：1、所有的企業與員工，本質都是合夥關係。要注意薪資、獎金、股權、價值觀的不同用法。2、一切管理問題的思考順序都是：策略—組織—人。無論哪一步錯了，都會全盤皆錯。

3. 所有問題，最終都是個人的問題——個人篇總結

所有的問題，最終都是個人的問題，都要從自己身上找原因。

商業，是我們與外部的關係；管理，是我們與內部的關係；個人，是我們與自己的關係。有一句話叫「仁者如射，射者正己而後發，發而不中，不怨勝己者，反求諸己而已矣」。簡單來說，就是不管什麼問題，最終都是個人的問題，都要從自己身上找原因。

個人篇可以昇華為兩個核心。

第一，最可怕的能力，是獲得能力的能力。

「知識、技能和態度」這一節講到，知識，比如數學知識、商業知識，是靠大腦來學習的，學習的方法是「記憶」；技能，比如演講能力、寫作能力，是靠手來學習的，學習的方法是「練習」。能力的獲得，符合「不斷更新」這一節裡講到的「時間律」：能力這東西，偷不來、搶不來、要不來、買不來，獲得它的唯一方法，

就是用時間換來。

用高效而可怕的勤奮，把時間換成能力，就是獲得能力的能力。

一九九三年，復旦大學在新加坡獅城舌戰辯論賽上為中國贏得冠軍，辯手蔣昌建一句「黑夜給了我黑色的眼睛，我卻用它來尋找光明」，掀起了那一代學子的辯論熱潮。我當時在讀高中，被學校派去參加辯論賽。我平常也主持過不少活動，但辯論和主持不同，需要急智。稍微猶豫一秒，別人就站起來了，自己根本沒有說話的機會。整場辯論會結束，我只在最後致謝的時候，站起來向對方說了兩個字「謝謝」。這次經歷成了我人生中的奇恥大辱。我意識到，沒有什麼能力是不通過練習就能獲得的。於是我專門找來各種各樣的辯論會影片學習，並利用一切機會練習。讀大學時，我獲得了南京大學的「最佳辯手」稱號。我知道，這個稱號就是用「高效而可怕的勤奮」換來的。

很多人稱讚我的演講很棒。在二〇一五年，我講了一百二十六天課，每天六小時。二〇一六年因為開始做《劉潤．5分鐘商學院》，講課時間減少了，但也有九十三天。

很多人稱讚我的文章寫得好。我第一篇公開發表並拿到稿費的文章，寫於二十三年前。之後，我堅持寫作二十年，其間寫過一本詩集、兩本小說，出版過五本書。寫出〈出租車司機給我上的MBA課〉那篇膾炙人口的文章時，我已經堅持寫作十二年。因此現在才能不間斷的每天輸出《劉潤．5分鐘商學院》的內容。

所以，從現在開始，組織演講俱樂部，持續演講，公開演講，持續公開的演講；從現在開始，在微信公眾號或者簡書上持續寫作，公開寫作，持續公開的寫作。從現在開始，用「高效而可怕的勤奮」，把時間換成能力。

第二，人與人最大的差別，是認知的差別。

人最大的悲哀，是在低層次上早早形成了自己的邏輯閉環。

比如，關於演講，有一個認知，「表達欲很強的人，是做不好演講的」。為什麼？因為演講不是讓自己酣暢淋漓的表達，而是讓聽眾醍醐灌頂的吸收。所以，演講的中心不是自己，而是聽眾，演講者需要克制自己的表達欲。如果這個認知改不過來，很難成為一個真正的演講高手。

比如，關於閱讀，有一個認知，「把書從頭讀到尾的人，是不懂學習的」。為什麼？因為作者並不是從頭到尾寫一本書的。作者會先訂主題，再畫結構，再寫目錄，然後一章一章的寫。讀書也應該這樣。目錄其實是一本書的骨架，章節是一本書的血肉。作為諮詢顧問，我必須高效、快速的學習，每年至少讀一百本書。我的讀書方法，是買十本同類書籍，對著目錄畫出結構圖，然後快速閱讀補充，再請教業內專家。一個字一個字的讀，是把學科書籍當小說來讀。

再比如，關於創新，有一個認知，「創新未必是被蘋果砸中腦袋，而可能恰恰是用流水線生產出來的」。正如之前提到的案例，把洗衣精裡的活性成分拿掉，變成「洗不乾淨衣服的洗衣精」，最後創新出「衣物柔軟精」。

回到個人篇，在每一篇中回顧這些認知，讓自己真正獲得巨大的升級。

KEYPOINT

個人篇總結

所有的問題，最終都是個人的問題，都要從自己身上找原因。個人篇的兩個核心是：第一，最可怕的能力，是獲得能力的能力；第二，人與人最大的差別，是認知的差別。

4. 不要做裝備派，要做裝備精良的實力派——工具篇總結

養成工具思維，把那些看似飄忽不定，不可說的「道」，變成可執行的「術」，提高結果的確定性和品質的穩定性。

按照中國傳統文化的觀點，工具就是所謂的「器」。《易經》有言：「形而上者謂之道，形而下者謂之器。」意思是說，一旦有型有款，那就屬於下乘了；真正的大道，是沒有形狀，沒有常規的。流程、步驟、方法論都是術，術是會變的，只有大道不變。這也是為什麼古人說「君子不器」。

但真是這樣嗎？工具篇可以昇華為兩個核心。

第一，君子性非異也，善假於物也。

我和很多外商企業的職業經理人一樣，在東方文化中生活，卻在西方文化中工作，因此經常能看到很多有趣的差異，甚至衝突。比如，如何選擇一個最好的人生伴侶？在東方文化裡，有人可能會建議：在最好的年華，遇見最好的人。那怎麼遇

見呢？看緣分。那什麼是緣分呢？看感覺。那什麼是感覺呢？到時候就知道了。那什麼時候才是「到時候」呢？有感覺了，就到時候了。

但西方文化不是這樣，這樣會把遇到合適伴侶的確定性和品質的穩定性置於極大的風險中。

還記得麥穗理論嗎？兩千多年前，蘇格拉底就教導我們：把時間分為三段，第一段用於體會什麼是「感覺合適的緣分」；第二段用於驗證第一段的判斷；第三段遇到第一個符合這個標準的人，立刻下手，絕不回頭。這就是利用流程、步驟、方法論，把選擇伴侶之「道」工具化了。到了現代，有人把這個工具進一步升級，提出「用百分之三十七的時間觀察，用剩餘百分之六十三的時間出手」，更科學。

工具思維，就是把那些看似飄忽不定，不可說的「道」，變成可執行的「術」，提高結果的確定性和品質的穩定性。

相對於「君子不器」，我更喜歡這句話：「君子性非異也，善假於物也。」

工具篇講了很多幫助商業、管理、個人的「道」，提高結果確定性和品質穩定性的「術」和「工具」，包括策略工具、思考工具、管理工具、溝通工具等，這些工具需要我們勤加使用。比如，僅僅理解「管理的本質，就是激發善意」，是遠遠不夠的，還需要激發善意的薪資、獎金、股權、價值觀等工具。

第二，不要做裝備派，要做一個裝備精良的實力派。

「SWOT分析」這一節提到，當S（優勢）和O（機會）相遇時，因為「槓桿效應」，可以採取增長型策略；當W（劣勢）和T（威脅）相遇時，因為「問題性」，可以採取多元化策略。

有些人看到這裡說：「SWOT還可以這麼用啊！我以前都是列出來S、W、O、T之後就結束了。」再無下文，那列出來又有什麼用呢？

「一比一會議」這一節講到，領導和員工開會時，要堅守二十五比二十五比五十策略，即領導講百分之二十五，提問百分之二十五，員工講百分之五十。這個會議是員工的會議，是難得的自下而上，由「你」到「我」的會議。

有人看到這裡說：「一比一會議原來是這麼開的啊！我開會時一直都是自己在說，最多問問員工項目進展如何。」那麼，把什麼時間留給員工發起溝通呢？沒有。不是員工發起的一比一會議，本質上就不是一比一會議。很多人只是學到了它的形，卻沒有領會它的神。

聽說一個工具，就蒐集一個工具，那叫裝備派。不深入理解這些裝備的原理、精髓，可能會適得其反，甚至傷到自己。最後，很多人還會怪罪工具，說這些工具「不適合我們公司，不適合我們行業」，或者乾脆說「不適合中國人」。

所以，在學習了這麼多工具後，不要只做蒐集工具的裝備派，而應該做一個裝備精良，但最終靠自身能力的實力派。

當一個人使用危機公關時，真誠是他的實力；當一個人使用股權激勵時，公司勢能是他的實力；當一個人使用OKR目標管理工具時，三百六十度環評的團結一心是他的實力；當一個人使用變形蟲模式時，敬天愛人的企業文化是他的實力。

知其然，也要知其所以然，才能變通的使用兵器，不讓兵器傷到自己。

KEYPOINT

工具篇總結

工具篇可以昇華為兩個核心：第一，君子性非異也，善假於物也。要參悟道理，也要善用工具。第二，不要做裝備派，要做一個裝備精良的實力派。不僅要懂得工具，更要真正理解工具背後的邏輯，以及具備使用這些工具的實力。

5. 從基本功到格鬥術——系列總結

每一件事情背後，都有其商業邏輯；我們以為的頓悟，可能只是別人的基本功；巨人過河，不需要策略，踏水而過。

本書接近尾聲，我想分享一下我對商業世界的基本信仰。

第一，每一件事情背後，都有其商業邏輯。

商業的本質是交換。一個人很會種玉米，另一個人雞鴨養得很好，那相互交換吧；一個人有資本，另一個人是人才，那相互交換吧；一個人有故事，另一個人有酒，那相互交換吧。通過基於彼此優勢價值的高效交換，取得同樣數量的分散個體無法創造的成果。

回顧全書，我們會發現，商業篇是用產品交換用戶的財富，管理篇是用財富交換員工的能力，個人篇是用時間交換自己的能力，工具篇是用方法交換前三者的效率。

用「交換」的第一性原理去理解整個商業世界，就會發現：每一件事情背後，都有其商業邏輯。

為什麼機場的牛肉麵看不見牛肉，卻那麼貴？因為交換的是「在機場吃麵」這件事；為什麼線下零售受到電商那麼大的衝擊？因為過去商品的價格中交換了地產的租金，而電商不需要；為什麼小區門口的便利商店反而生意愈來愈好？因為還需要付錢交換「立刻就要」的急迫性；為什麼電商要研發無人機送貨？因為交換用無人機實現的「立刻就要」，比交換用店面實現的「立刻就要」更便宜。

第二，我們以為的頓悟，可能只是別人的基本功。

經營企業多年之後，老闆突然意識到，錢原來不是萬能的。在電梯裡叫出員工的名字，能激勵員工努力幹活好幾週。老闆恍然大悟，提出了「電梯理論」。但其實，馬斯洛（Abraham Harold Maslow）早在七十多年前就已經用「需求層次理論」，把老闆的頓悟用更精準、更普適、更全面的方式總結過了。電梯理論只是第三層「尊重需求」的一個技巧。而這個理論和無數實用的技巧，早已是競爭對手的基本功。

一個人不創業，不做生意，不賣東西，但總要買東西吧？當他知道心理帳戶、沉沒成本、價格錨點、定位調整偏見時，突然醍醐灌頂：原來，奢侈品店門口放一個普遍人買不起的鎮店之寶，就是為了讓顧客覺得其他東西便宜得和撿來的一樣啊！原來和客戶談判時，對方總是出去打電話，就是給自己留下迴旋的餘地和談判的籌碼啊！作為一個買家，作為自己的執行長，這樣的頓悟，其實早已是賣家的基本功。

一定要學好這些經濟學、管理、商業大師用智慧和一生經驗教訓總結的基本功。**思考無法代替學習，要懂得用學習省去自己盲目琢磨的時間。**

第三，巨人過河是不需要策略的，踏水而過。

二〇一五年，我和十一個朋友一起去攀登非洲第一高峰吉力馬札羅峰。攀登的過程非常不容易。登頂的那一刻，不是熱淚盈眶，而是號啕大哭。

但是，我們為了能在山頂號啕大哭，僱了六十四個登山嚮導和本地人專門陪同。登山花了七天的時間，我們每天輕裝出發後，他們把帳篷、鍋、爐子、桌子、餐具、椅子全部收起來，扛在肩頭，衝往下一個營地。傍晚，等我們終於辛辛苦苦到了營地，他們連飯都做好了。

我深深意識到，最終要動用毅力爬山的人，其實都是因為基礎體能不足。我們穿著專業裝備，空著手爬山還爬不動，可揹夫們踩著破鞋，頭頂行李，談笑間就登頂了。這就是差距。

不管創業還是打工，做得那麼辛苦，可能真的是因為基礎能力不夠。悲情敘事，不如苦練基本功。

松鼠過河需要策略，它要不斷思考下一步跳到哪塊石頭上。而巨人過河，不需要策略，踏水而過。

KEYPOINT

系列總結

《5分鐘商學院》系列可以昇華為三個核心：第一，每一件事情背後，都有其商業邏輯；第二，我們以為的頓悟，可能只是別人的基本功；第三，巨人過河是不需要策略的，踏水而過。

筆記時間

第十章

劉潤薦書

商業不是一蹴而就，而是一路走來——**商業書籍**

MBA課中，沒有一門課叫「管理」——**管理書籍**

個人升級，最重要的是認知升級——**個人書籍**

刻意練習，人人都可以成為自己的執行長——**工具書籍**

知識帶來啟發，求知過程帶來更大啟發——**劉潤五本書**

1. 商業不是一蹴而就，而是一路走來——商業書籍

閱讀商業書籍，收穫更多高手的思維方式。

我在商業、管理、個人、工具這四個領域中，各挑選了五本，不敢說最好，但確實深深打動我的書。希望讀者通過閱讀這些書籍，收穫更多高手的思維方式。

第一本，克雷頓・克里斯汀生的《創新者的兩難》（*The Innovator's Dilemma*）。

這本書提出了一個觀點：「完美的管理導致大企業走向衰敗。」書中給出了一個大企業的「失敗框架」：1、通過改善底片相機打敗柯達很難，只有數位相機才能通過截然不同的價值主張，顛覆柯達的商業模式根基；2、底片相機一定會發展到市場需求過度滿足的階段，從而市場飽和，發展停滯；3、但同時，數位相機初期並不「誘人」——價格便宜，利潤率低，也不被柯達的主要客戶接受，所以很難被柯達投資；4、數位相機成長起來，底片相機衰敗下去，柯達的衰敗必將到來，與誰是領導幾乎無關。

通過閱讀這本書，可以深刻理解企業生命週期。

第二本，傑瑞米．里夫金的《第三次工業革命》。

蒸汽機開啟了第一次工業革命，但是真正把第一次工業革命推向巔峰的，並不是蒸汽機，而是印刷術。煤炭—蒸汽機—火車的創造價值進步，通過印刷術的傳遞價值進步，推向了全世界。

真正把第二次工業革命推向巔峰的，並不是內燃機，而是電信技術。石油—內燃機—汽車的創造價值進步，通過電信技術的傳遞價值進步，推向了全世界。

第三次工業革命，可再生能源是新的創造價值的基礎，但**真正點燃第三次工業革命的，是網路這個劃時代的傳遞價值技術**。

通過閱讀這本書，可以理解產業變革遠大於個人意志的宏觀規律。

第三本，克雷．薛基（Clay Shirky）的《人人時代》（*Here Comes Everybody: The Power of Organizing Without Organizations*）。

要想理解網路時代，因為人與人之間協作成本的改變而出現的各種群體現象，以及如何利用這些群體現象助力商業，就一定要讀這本書。

比如，發生一個重大的突發事件，在傳統媒體時代，記者會在第一時間接到通知，帶著攝影機、錄音筆、直播設備等趕赴現場。但是，第一時間在現場的，一定不是記者，而是路人，只是路人沒有攝影機等設備。在網路時代，路人可以隨時拿起手機拍照，發微博。整個新聞生產的邏輯徹底改變了。

反過來說，一個社會新聞出現，引起轟動，整個網路被發動，搜尋當事人，當事人的每一個生活細節、隱私都被暴露在光天化日之下。有人覺得能洩恨，有人覺得恐怖。這到底是為什麼？

通過閱讀這本書，可以理解看似微小的改變背後的歷史洪流。

第四本，陳威如的《平台戰略：正在席捲全球的商業模式革命》。

什麼叫平台？微信是典型的單邊平台：用戶愈多，吸引更多用戶，彼此刺激，爆發式增長。淘寶是典型的雙邊平台：一邊是買家，一邊是賣家。買家愈多，賣家愈多；賣家愈多，買家愈多。這就是跨邊網路效應。百度是典型的三邊平台：被索引網站、搜尋用戶、廣告主三者之間形成正向激勵。理解了平台的概念，以及引爆平台的網路效應，就能理解一切網路世界的瘋狂。

通過閱讀這本書，可以理解平台經濟，及其底層的動力系統——網路效應。

第五本，吳曉波的《激盪三十年》。

從一九七八年到二〇〇八年，三十年中國的改革開放史，不僅能看到時代的大潮，更能看到企業家在時代大潮下的精神，及其背後不斷演進的商業邏輯。同時推薦《跌宕一百年》和《浩蕩兩千年》。

通過閱讀這本書，可以理解商業不是一蹴而就，而是一路走來。

KEYPOINT

商業書籍

通過閱讀商業書籍，深刻理解企業生命週期，理解產業變革遠大於個人意志的宏觀規律，理解看似微小的改變背後的歷史洪流，理解平台經濟及其底層的動力系統，理解商業不是一蹴而就，而是一路走來。

2. MBA課中，沒有一門課叫「管理」──管理書籍

這世界是先有人與人的關係，後有管理。多學習一些管理大師對人與人關係的洞察，會讓我們醍醐灌頂。

這個世界是先有人與人的關係，後有管理，而不是反過來。管理大師對人與人關係的洞察，常常讓人覺得醍醐灌頂，或者五雷轟頂。這裡我想推薦五本書，拓展我們的思維邊界。

第一本，彼得·杜拉克（Peter Drucker）的《創新與企業家精神》（*Innovation And Entrepreneurship: Practice and Principles*）。

什麼是創業？一個人看到大家喜歡吃小龍蝦，於是在家門口開了家小龍蝦店，這叫創業嗎？按照彼得·杜拉克的定義，這不叫創業。因為進入的是一個原本就存在的市場，並沒有創造出新客戶。這家小龍蝦賣得多了，旁邊那家就賣得少了。唯有通過創新滿足需求，創造出新客戶，才是創業。不創新，無創業。

什麼是企業家？企業家就是把使用經濟資源的效率由低轉高的那群人。同樣的資源，用創新的方法組合利用，創造出更大的價值。無高效率，不企業家。

什麼是企業家精神？**企業家精神的靈魂是創新，做別人根本做不了的事。**

讀過閱讀這本書，從實踐昇華為世界觀，從管理之術參悟管理之道。

第二本，陳春花的《管理的常識：讓管理發揮績效的8個基本概念》。

ＭＢＡ課中，沒有一門課叫「管理」。最接近「管理」的課，其實是「組織行為學」，這是管理的基本常識。

陳春花在《管理的常識》這本書中分享了自己對管理的理解，比如：管理就是讓下屬明白什麼是最重要的；管理不談對錯，只是面對事實，解決問題；管理是「管事」而不是「管人」。她還舉重若輕的談了組織、領導、激勵、決策等很多方面的基本心法。

建議所有管理者，或者有志於成為卓越管理者的創業者，認真閱讀。

第三本，彼得．聖吉（Peter M. Senge）的《第五項修練》（*The Fifth Discipline: The Art and Practice of The Learning Organization*）。

這本書在一九九二年榮獲世界企業學會最高榮譽「開拓者獎」，是管理者必讀的經典之一。第五項修練指的是系統思考。前四項修練分別是：自我超越、心智模式、共同願景和團隊學習。彼得．聖吉對這些概念的描述，成就了「心智模式」、「學習型組織」等談管理幾乎必提的概念。

系統思考這種最高級的修練，可以讓領導者從看片段變為看整體，從被動反應變為創造未來。

建議培養孩子學習圍棋和程式語言。學圍棋，可以訓練面對未來的博奕思維，這是一種加上時間軸的策略思考能力。學程式語言，可以訓練搭建系統架構的能力，這是一種基於信仰規律的系統思考能力。

第四本，戈文達拉揚（Vijay Govindarajan）和特林布爾（Chris Trimble）合著的《策略創新者的十大法則》（*Ten Rules for Strategic Innovators*）。

《創新者的兩難》中提出的「完美的管理導致大企業走向衰敗」的問題，《策略創新者的十大法則》給出了漂亮的答案。企業為什麼像大象一樣不肯忘記？如何更新組織的DNA？企業如何跟人類一樣，通過「忘記、借用和學習」的方法，完成反覆運算？

強烈建議正處於轉型期的企業管理者認真閱讀。

第五本，肖星的《一本書讀懂財報》。

每一位管理者都應該學習基本的財務知識。我學過「會計學」、「公司財務」和「非財務經理的財務課程」，以及「上市公司獨立董事培訓」，深感不懂財務的執行長，在商業世界的黑暗叢林中，幾乎和瞎子無異。懂再多的商業，不懂財務，早晚會栽跟頭。

KEYPOINT

管理書籍

讀過閱讀管理書籍，了解管理的基本常識，實踐管理的創新精神，培養管理的系統思考能力，從實踐昇華為世界觀，從管理之術參悟管理之道。

3. 個人升級，最重要的是認知升級——個人書籍

人與人最大的差別是認知差別。認知的級別和維度不夠，就很難上升一個層次。完成認知升級很重要。

關於個人成長的書籍，我思考了很久，到底要推薦哪方面的書？演講技巧、寫作技巧、談判技巧、時間管理技巧……技能層面的知識是無窮無盡的。在沒有上限的個人成長中，如果只能推薦五本書，我決定推薦五本可以使認知升級的書。

第一本，劉慈欣的《三體》。

《三體》是一本科幻小說。但是這本科幻小說不僅轟動了科幻界，更轟動了中國的網路界。在某一段時間，網路人言必提《三體》，尤其是「黑暗森林」、「降維打擊」等概念，以及很多金句，比如「無知和弱小不是生存的障礙，傲慢才是」。

為什麼這本書能受到網路行業的熱捧？因為它作為一部硬科幻作品，其邏輯嚴謹的想像力，即便是科技行業從業人員都歎為觀止；其深刻的哲學思想，比如高維

對低維碾壓的「二向箔」，暴露即滅絕的「黑暗森林法則」，讓人們對網路世界的殘酷競爭唏噓不已。

閱讀《三體》，拓展無邊無際但又符合宇宙規律的想像力，窺探網路世界的競爭哲學。

第二本，凱文．凱利（Kevin Kelly）的《釋控》（*Out of Control: The New Biology of Machines, Social Systems, & the Economic World*）。

凱文．凱利的成名，不是依靠他當下的曠世成就或者驚天言論，而是依靠一本二十年前的預言式著作《釋控》。這本書在一九九四年對未來的預測，比如「連接一切」、「贏家通吃」、「去中心化」等，在二十年後的今天正在逐一實現。

這本書的中文版翻譯得非常晦澀難懂，但即便如此，還是要耐著性子把書讀完。為什麼？微信創始人張小龍的推薦語或許比較有說服力。他說：「凱文．凱利的《釋控》我推薦給很多人……如果我們面試一個大學生，他告訴我他看完了這本書，我肯定就錄用他——不過他們不知道這個祕訣。如果做網路產品的不看一下這本書，我認為知識是不全面的。」

第三本，克雷．薛基的《認知盈餘》（*Cognitive Surplus: Creativity and Generosity in a Connected Age*）。

一個人很努力、很優秀，終於獲得了很高的職位，他也很珍惜。但是這個世界上，有沒有人和他一樣努力、一樣優秀，但是因為運氣不好而沒能取得和他一樣的成就呢？

我相信有。這樣的人不但存在，甚至遠遠多於在位的人。他們有同樣的智慧、觀點和認知，因為沒有機遇、職位和工具，被白白浪費掉了。這些被浪費掉的認知，就叫作「認知盈餘」。**網路正在把盈餘的認知連接起來，創造更大的社會價值。**這對整個人類是好事，但同時也是對所有在位菁英的巨大挑戰。

第四本，唐內拉·梅多斯（Donella H. Meadows）的《系統思考》（*Thinking in Systems: A Primer*）。

讀南京大學數學系時，對我幫助最大的，是一門叫作「系統論」的課程，它教會了我「關聯的、整體的、動態的」看待問題。當我懂得用系統論看待世界時，恍然大悟：上帝原來是個程式員。最美妙的不是這個世界，而是世界背後的規律。

《系統思考》是一本關於系統論的書，淺顯易懂，用來入門恰到好處。不要把它當成數學書看，它是理解萬物規律的方法。

第五本，古典的《拆掉思維裡的牆：原來我還可以這樣活》。

這本書整理了我們在思維中經常犯的一些錯誤，或者說妨礙我們成長的心智模式，並給出了打破它們的方法。

書中談到了「比較觀念」、「幸福系統」、「安全感」、「樂趣」、「成功學」、「受害者心態」、「選擇的智慧」等重要的心智模式概念。心智模式升級，對大多數人來說很重要。

以前沒有接受過心智模式訓練的人，可以通過讀這本書，把前人的頓悟變成自己的基本功；接受過這方面訓練的人，可以把這本書當成一張比較全面的心智模式試卷，檢測自己思維裡的牆是否已經拆掉。

KEYPOINT

個人書籍

通過閱讀個人書籍，拓展無邊無際但又符合宇宙規律的想像力，窺探網路世界的競爭哲學，理解萬物的規律，提升心智模式。

4. 刻意練習，人人都可以成為自己的執行長——工具書籍

我們以為的頓悟，很可能只是別人的基本功。很多悲情敘事的背後，可能都只是因為基礎體能不夠。

有關工具篇的書，都比較難。這五本書不是看完就可以的，它們需要我們用刀叉切割、咀嚼、下嚥、消化。如果花足夠多的時間消化完這五本書，一定會能量倍增。

第一本，伊森雷索（Ethan M. Rasiel）的《專業主義：麥肯錫的成功之道》（*The McKinsey Way: Using the Techniques of the World's Top Strategic Consultants to Help You and Your Business*）

芭芭拉．明托在《金字塔原理》這本書裡提到了MECE分析，意思是「相互獨立，完全窮盡」。MECE分析是很多工具，比如SWOT分析、五力分析、BCG矩陣、平衡計分卡等工具的底層邏輯。

《專業主義》這本書，列舉了包括MECE分析在內的，麥肯錫做諮詢時最常用的工具，比如二八法則、電梯測驗、不要重新發明輪子、圖表法、腦力激盪等。

我第一次讀這本書時，大開眼界。從此之後，我養成了一個習慣，表達意見時會說：關於這件事，我有三個觀點……即使說這句話時，我暫時只想到一點。

第二本，張維迎的《博弈論與信息經濟學》。

賽局理論是一門極其精深的學問。在「博奕工具」這一章中，我花了很多時間整理、寫作，把樹狀知識結構用線性邏輯表達，在賽局理論的海洋中設計了一條「遊覽路線」，從「納許均衡」到「以牙還牙」，一步一步領略賽局理論的美妙。但是，千萬不要以為這就是整個海洋。

賽局理論的海洋再往下，都是數學。張維迎在這本書裡，從七個基本概念（參與人、行動、資訊、策略、支付、結果、均衡）和四個均衡（納許均衡、子博奕精煉納許均衡、貝式納許均衡、精煉貝式納許均衡）開始，抽絲剝繭的講述如何求解四大博奕（完全資訊靜態博奕、完全資訊動態博奕、不完全資訊靜態博奕、不完全資訊動態博奕）。

第三本，吳軍的《數學之美》。

既然談到了數學，那索性就來講講數學。很多人都對數學感到頭疼，但是，數學的確是理解萬物的祕密。經濟學歸根結底是數學，物理歸根結底是數學，萬物理論歸根結底也是數學。**數學，是理解這個世界的終極學科。**

我是數學系本科畢業的。數學系是不學「高等數學」這門課程的，而是學習數學分析、複變函數、實變函數、微分方程、泛函分析、拓撲學等。

數學是這個世界上最美的東西。讀這本書，可以重建對數學的興趣，進而拿起數學的武器，很多問題都會迎刃而解。

第四本，希利爾（Frederick S. Hillier）的《數據、模型與決策》（*Introduction to Management Science: A Modeling and Case Studies Approach with Spreadsheets*）。

這本書是商學院的必修課，可能也是商學院所有課程中最難的一門。其實，它還是數學。

在「決策理論」這一節裡說到「完全理性決策」時，提到了「運籌學」。《數據、模型與決策》就是專門為MBA寫的簡化了的運籌學，教大家如何用Excel做一些簡單的完全理性決策。這對補全決策理論，非常重要。

第五本，安德斯·艾瑞克森（Anders Ericsson）的《刻意練習》（*Peak: Secrets*

from the New Science of Expertise）。

很多人熟知一萬小時定律，但是一個動作「自動完成」一萬次、一萬小時，也不會成為高手。很多人號稱自己有十年工作經驗，其實，他只是把一年的工作經驗重複了十年而已。重複不帶來進步，真正的進步來自刻意練習。所謂刻意練習，是因為不斷反饋、調整，每一次都比上一次有進步。

這本書描述了刻意練習的音樂模式、國際象棋模式和體育模式，很值得真正願意不斷提高自己，成為專家的人細細琢磨。商業天才不是天生的，刻意練習，人人都可以成為自己的執行長。

KEYPOINT

工具書籍

花足夠多的時間閱讀工具書籍，一定會能量倍增。所謂刻意練習，是因為不斷反饋、調整，每一次都比上一次有進步。商業天才不是天生的，刻意練習，人人都可以成為自己的執行長。

5. 知識帶來啟發，求知過程帶來更大啟發——劉潤五本書

這世界上從來沒有完美的選擇，只有最好的選擇。要想每一次選擇都是當下所能做出的最好選擇，就需要洞察規律，把握趨勢，而這些需要智慧來實現。

我願意花很多時間寫作，因為有很多噴湧而出的觀點，不吐不快。作者講自己的書，通常能抓住真正的精華。但我從未像現在這樣感到如履薄冰，因為用詞稍有不慎，就可能被部分讀者認為是在賣書。如果真有這種感覺，請把糖衣吃了，把炮彈扔回來；請把知識拿走，把書扔回來。

第一本，《2012，買張船票去南極》。

這是一本有關夢想的書。「夢想」這個詞在書中共出現兩百二十五次。南極，只是夢想的階段性載體，真正的探險其實發生在心靈深處。通過這次旅行，我終於找到了自己的「生命公式」，那就是：激情、承諾、思考、行動。我在書中寫道：沒有激情的承諾，是責任；沒有承諾的激情，是衝動；沒有行動的思考，是空想；

沒有思考的行動，是蠻幹。

我希望，這個生命公式可以給讀者帶來啟發，更希望我追尋生命公式的這個孜孜矻矻的過程，能帶給讀者更大的啟發。

二〇一二年，不是世界末日；失去夢想的那天，才是末日。

第二本，《人生，就是一場突如其來的旅行》。

二〇一三年，在離開服務近十四年的微軟後，我決定給自己留一段難得的、寶貴的、為期半年的「間隔年」，潛心於公益、旅行和寫作。這一次，我去了北極。準確的說，是北極點。

這是一段「找北」之旅。來到世界之巔，站在北極點上，不論往哪個方向走都是向南。如果用一句話來總結我的收穫，那就是：**勇於選擇而不後悔，隨心所欲而不逾規。**

人們總是希望獲得A和B的好處之和，而不願付出任何代價，這叫「完美的選擇」。但這世界上從來沒有完美的選擇，只有「最好的選擇」。要想每一次選擇都是當下所能做出的最好的選擇，就需要洞察規律，把握趨勢，這需要智慧。

勇於選擇而不後悔，靠勇氣；隨心所欲而不逾規，靠智慧。

第三本，《傳統企業，互聯網在踢門》。

二〇一四年出版的這本書，是我創立潤米諮詢後寫的第一本商業書。在這本書裡，我提出了「潤米第一模型」：企業價值模型。

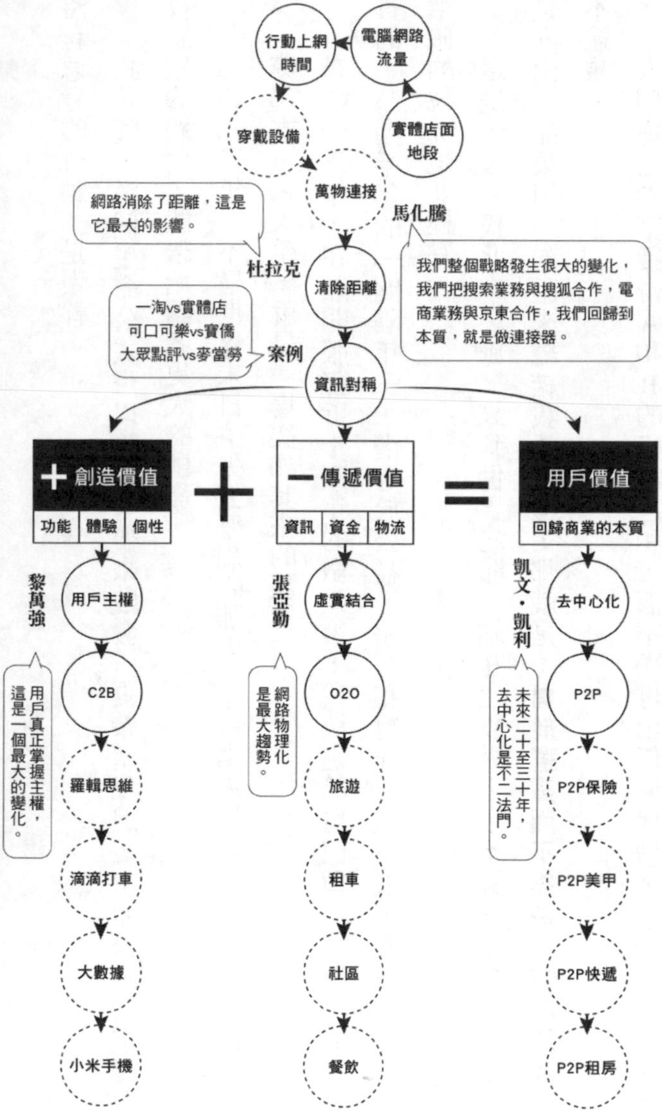

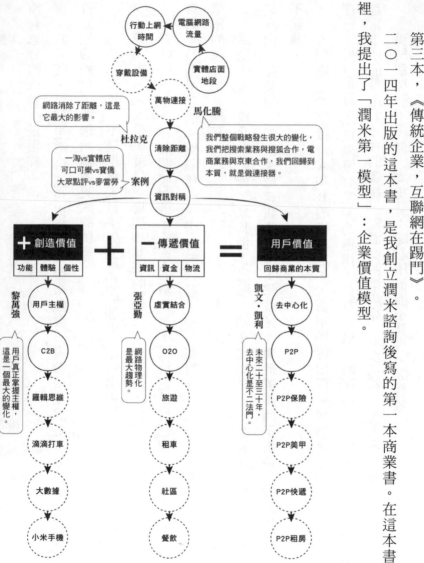

海爾把冰箱做出來，是創造價值；蘇寧把冰箱賣掉，是傳遞價值。世界上所有的商業行為，大體都可以歸為這兩類。中國商業的平均定倍率是四倍，這就意味著：中國的消費者出了四元，被創造價值者拿走了一元，而被傳遞價值者拿走了三元。網路最大的作用，就是用跨時代的科技工具，提高傳遞價值的效率，降低定倍率。

理解洶湧而來的商業變革，一定要看到創造價值和傳遞價值這兩條腿，博奕前行的步伐，其他的都只是腳印。

第四本，《互聯網+：小米案例版》。

二〇一五年出版的這本書，是我對小米這隻「新生代達爾文雀」的解剖報告，以及對企業到底如何轉型的探究。在這本書裡，我提

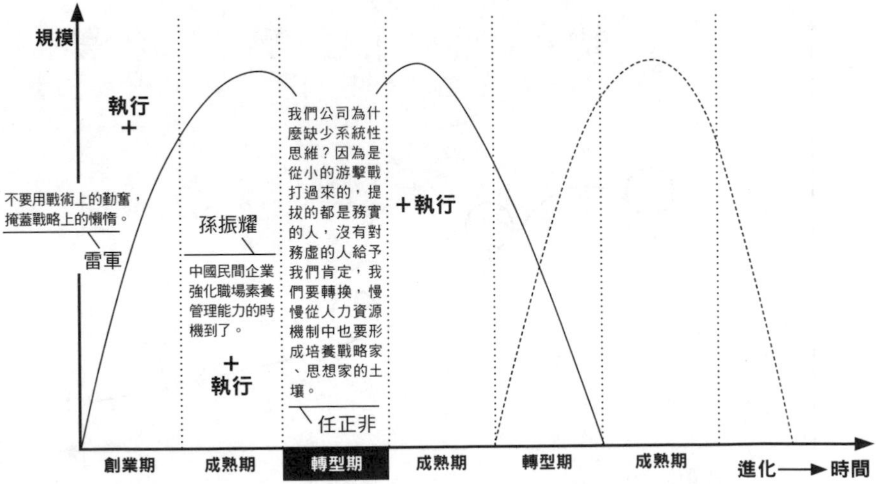

規模
執行
+
不要用戰術上的勤奮，
掩蓋戰略上的懶惰。
雷軍
孫振耀
中國民間企業強化職場素養管理能力的時機到了。
+
執行
我們公司為什麼缺少系統性思維？因為是從小的游擊戰打過來的，提拔的都是務實的人，沒有對務虛的人給予我們肯定，我們要轉換，慢慢從人力資源機制中也要形成培養戰略家、思想家的土壤。
任正非
+執行
創業期
成熟期
轉型期
成熟期
轉型期
成熟期
進化
時間

出了「潤米第二模型」：企業生命週期。

任何企業的發展，都必然經歷創業期、成熟期和轉型期。所有成熟期對創業期的懷念，都是長大後對童年的緬懷；所有轉型期對成熟期的迷戀，都是年老後對長生不老的妄想。企業和人一樣，都有生命週期。

世界上沒有永續經營。所謂的永續經營，只不過是在每個重大的轉型期，都能成功轉型。

第五本，《趨勢紅利》。

二〇一六年出版的這本書，是我在幫助很多企業轉型之後的反思。看到變化，只是觀察家；只有看到變化底層沒有變的東西，才是策略家。在這本書裡，我提出了「潤米第三模型」：企業能量模型。

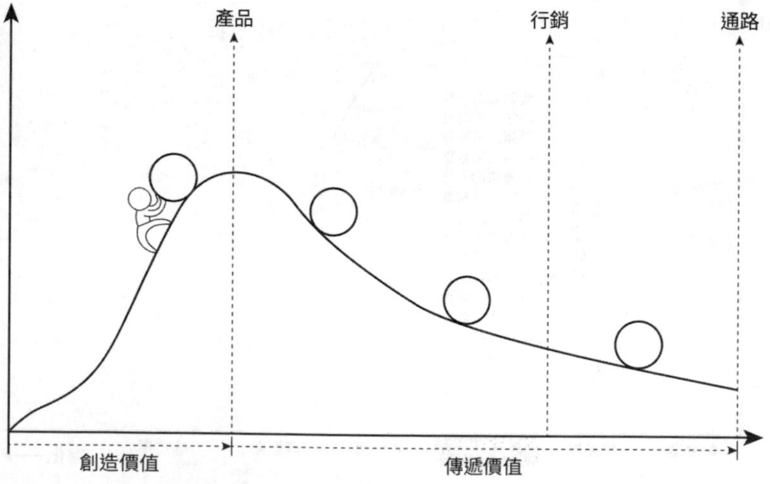

想像一下，一個人正在推巨石上山。做產品，就是把這塊千鈞之石推上萬仞之巔，獲得盡可能大的勢能，然後在最高點一把推下去，用行銷和通路減小阻力，把勢能轉化為最大的動能，獲得盡可能深遠的用戶覆蓋。理解了產品、行銷和通路的關係，哪件事才是最重要的？

你陪客戶喝酒，是因為做產品沒有流汗。產品不足，行銷補；行銷不足，通路補。總要擅長一方面。

KEYPOINT

劉潤五本書

這五本書的理念，一直貫穿整個《劉潤．5分鐘商學院》。希望從這五本書中，讀者能理解：激情，就是燃燒的夢想；勇於選擇而不後悔，隨心所欲而不逾規。希望讀者能理解「潤米三大模型」：企業價值模型、企業生命週期和企業能量模型。

筆記時間

好想法 21

5分鐘商學院 工具篇

人人都是自己的CEO

原著書名：5分钟商学院·工具篇——人人都是自己的CEO
作　　者：劉潤
責任編輯：魏莞庭
校　　對：魏莞庭、林佳慧
視覺設計：兒日
內頁排版：洪偉傑
寶鼎行銷顧問：劉邦寧

發 行 人：洪祺祥
副總經理：洪偉傑
副總編輯：林佳慧
法律顧問：建大法律事務所
財務顧問：高威會計師事務所
出　　版：日月文化出版股份有限公司
製　　作：寶鼎出版
地　　址：台北市信義路三段151號8樓
電　　話：（02）2708-5509　傳真：（02）2708-6157
客服信箱：service@heliopolis.com.tw
網　　址：www.heliopolis.com.tw
郵撥帳號：19716071 日月文化出版股份有限公司

總 經 銷：聯合發行股份有限公司
電　　話：（02）2917-8022　傳真：（02）2915-7212
製版印刷：中原造像股份有限公司
初　　版：2019年1月
初版五刷：2019年1月
定　　價：360元

國家圖書館出版品預行編目(CIP)資料

5分鐘商學院．工具篇：人人都是自己的CEO／劉潤著.-- 初版.--
臺北市：日月文化，2019.1
344面 ；14.7 X 21公分.--（好想法；21）

ISBN 978-986-248-779-2（平裝）

1.商業管理

494　　107021136

日月文化集團
HELIOPOLIS
CULTURE GROUP
客服專線 02-2708-5509
客服傳真 02-2708-6157
客服信箱 service@heliopolis.com.tw

廣告回函
台灣北區郵政管理局登記證
北台字第 000370 號
免貼郵票

日月文化集團 讀者服務部 收

10658 台北市信義路三段151號8樓

對折黏貼後，即可直接郵寄

日月文化網址：**www.heliopolis.com.tw**

最新消息、活動，請參考 FB 粉絲團

大量訂購，另有折扣優惠，請洽客服中心（詳見本頁上方所示連絡方式）。

日月文化　寶鼎出版　山岳文化

EZ TALK　EZ Japan　EZ Korea

日月文化集團
HELIOPOLIS
CULTURE GROUP

感謝您購買 5分鐘商學院 工具篇：人人都是自己的CEO

為提供完整服務與快速資訊，請詳細填寫以下資料，傳真至02-2708-6157或免貼郵票寄回，我們將不定期提供您最新資訊及最新優惠。

1. 姓名：________________ 性別：□男 □女
2. 生日：______年______月______日 職業：
3. 電話：（請務必填寫一種聯絡方式）
（日）____________（夜）____________（手機）____________
4. 地址：□□□ ________________
5. 電子信箱：________________
6. 您從何處購買此書？□________縣/市________書店/量販超商
□________網路書店 □書展 □郵購 □其他
7. 您何時購買此書？ 年 月 日
8. 您購買此書的原因：（可複選）
□對書的主題有興趣 □作者 □出版社 □工作所需 □生活所需
□資訊豐富 □價格合理（若不合理，您覺得合理價格應為 ________）
□封面/版面編排 □其他________
9. 您從何處得知這本書的消息： □書店 □網路／電子報 □量販超商 □報紙
□雜誌 □廣播 □電視 □他人推薦 □其他
10. 您對本書的評價：（1.非常滿意 2.滿意 3.普通 4.不滿意 5.非常不滿意）
書名______ 內容______ 封面設計______ 版面編排______ 文/譯筆______
11. 您通常以何種方式購書？□書店 □網路 □傳真訂購 □郵政劃撥 □其他
12. 您最喜歡在何處買書？
□________縣/市________書店/量販超商 □網路書店
13. 您希望我們未來出版何種主題的書？________
14. 您認為本書還須改進的地方？提供我們的建議？
____
____
____
____

好想法　相信知識的力量

the power of knowledge

寶鼎出版

好想法　相信知識的力量

the power of knowledge

寶鼎出版